经济学名著译丛

U0303738

A Brief Introduction to
the Infinitesimal Calculus:
Designed Especially to Aid in
Reading Mathematical Economics and Statistics

微积分的计算

——数理经济学
与统计经济学辅助教程

〔美〕欧文·费雪 著

张辑 译

A Brief Introduction to
the Infinitesimal Calculus:
Designed Especially to Aid in
Reading Mathematical Economics and Statistics

商务印书馆
The Commercial Press

Irving Fisher

A Brief Introduction to the Infinitesimal Calculus:

Designed Especially to Aid in Reading Mathematical Economics and Statistics

Copyright © Macmillan Company, 1897

根据麦克米伦 1897 年版本译出

第三版前言

当前的版本合并了最初为 1904 年的德文译本和日文译本所做的几处校改和增补。

本版还插入了极限概念的预备知识和多个新的习题。

欧文·费雪

1905 年 11 月

前　言

　　我曾习惯向高年级学生开设现代经济理论课程,这本小册子包含的内容是讲课的材料。由于给高年级学生介绍现代经济理论找不到足够简明的教科书,某重点内容编排也不够合理,才有这本小册子的问世。不过,在准备将我的讲义付梓时,我的目标从来都不是编著一本只供课堂使用的教材。必须承认的是,愿意用数学语言给学生讲课的经济学教师很少。在我脑海留存的课堂传授的数学知识,没有我学习的多。教师和学生一样,不管多么不在意数学工具对他们自己思想的重要性,但为了理解他人的思想,越来越感到需要数学方法。相信其他教师和我一样,经常被人问起是否有这样一本书,能够让一个未接受过专业数学培训的人或有数学天资的人理解杰文斯(Jevons)、瓦尔拉斯(Walras)、马歇尔(Marshall)或者帕累托(Pareto)等人的著作,或者是读懂《经济学杂志》(*Economic Journal*)《皇家统计协会杂志》(*the Journal of the Royal Statistical Society*)《经济学家杂志》(*the Giornale degli Economisti*)和其他杂志经常刊登的数学文章。我尝试撰写的就是这样一本书。

　　这本书出版的直接原因是法国经济学家古诺(Cournot)的《财富理论的数学原理》(*Principes mathématiques de la théorie des richesses*)英文版的发行,它属于艾什莱(Ashley)教授编纂的系列丛书《经济学名著》(*Economic Classics*)之一。"非数学型"(Non-Mathematical reader)只能理解这篇名家学术论文推理的一般倾向。如果他和大多数的读者一样,觉得该书启发智力,就需要详细地了解书中的符号和推导过程。

在本书有些篇幅里,我尝试用两种字体满足不同读者多样的阅读要求。如果读者理解阅读的内容,第一次阅读可以省略大多数的小字体内容,第二次阅读可以省略所有的小字体内容。不过,建议读者不要忽略书中所有的习题。

虽然本书主要写给经济学的学生,但同样适用于那些希望"微积分"短训成为普通教育必修课程的人士,故不揣冒昧,希望数学教师在专为普通学生安排的数学课堂上,觉得本书作为教科书非常有用。我素来认为,微积分学的基本概念和推导过程要比解析几何和三角函数有更多的教育价值。目前,解析几何和三角函数在学校和大学的课程体系里地位显赫,而且它们是一学就会又不容易忘记。

欧文·费雪

1897 年 9 月于纽黑文

目　　录

导　　论

阅读本书的读者应当熟悉普通的代数运算和变化与极限的概念。此处增补内容是对这些知识的简要叙述。

连续变化——假设线段 ab 表示从 $-a$ 到 $+b$ 之间所有可能的数值，线段 om 表示从 $-a$ 到 $+b$ 之间的一个数值；当数值 om 的增加或减少使得 m 可以在 $-a$ 到 $+b$ 之间占据任何一个位置时，就说数值 om 是连续变化的，见图 1。

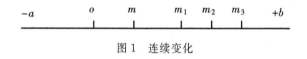

图 1　连续变化

极限——若 om 有无限连续的数值，比如 m 可以占据 m_1、m_2、m_3 等位置，使得 ob 和 om 之间的最终差值小于任何可指定的正的数值时，则 om 是一个变量而 ob 是它的极限。

因此，很明显，极限 ob 和变量 om 之间的差值是另一个极限为零的变化的量。一个极限为零的变量被称为一个无穷小量。

无穷级数的连续性和极限——在一个收敛的无穷级数中，每一个连续项与其前面各项的和接近的数值理解为该级数指定的数值。这个数值称为级数的"和"。

因此,循环小数 $0.666\cdots$,

或者 $\dfrac{6}{10} + \dfrac{6}{10^2} + \dfrac{6}{10^3} + \dfrac{6}{10^4} + \cdots$,

就是一个连续的数值级数,也就是说:

(a) $\dfrac{6}{10}$ 小于 $\dfrac{2}{3}$。

(b) $\dfrac{6}{10} + \dfrac{6}{10^2}$ 小于 $\dfrac{2}{3}$,但比(a)更接近 $\dfrac{2}{3}$。

(c) $\dfrac{6}{10} + \dfrac{6}{10^2} + \dfrac{6}{10^3}$ 小于 $\dfrac{2}{3}$,但比(b)更接近 $\dfrac{2}{3}$。

(d) $\dfrac{6}{10} + \dfrac{6}{10^2} + \dfrac{6}{10^3} + \dfrac{6}{10^4}$ 小于 $\dfrac{2}{3}$,但比(c)更接近 $\dfrac{2}{3}$。

因此,随着级数的项数的增加,级数所有项的和始终小于 $\dfrac{2}{3}$,

但最终可以任意地接近 $\dfrac{2}{3}$,亦即向 $\dfrac{2}{3}$ 收敛。因此按照惯例,称 $\dfrac{2}{3}$ 是

这个无穷级数的"和"或者极限。

定理

viii　　1.两个(有极限)的不同变量的和的极限等于这两个变量的极限的和。

2.两个(有极限)的不同变量的差的极限等于这两个变量的极限的差。

3.两个(有极限)的不同变量的积的极限等于这两个变量的极限的积。

ix　　4.两个(有极限)的不同变量的商的极限等于这两个变量的极限的商。

第一章　求导的一般方法

1.微积分的计算论述无穷小量的临界比率。不过,只有实际认识了"临界比率"①,才能理解这样的定义。

2.极限或临界比率的概念在许多熟悉的关系中是基本法则。没有它,不可能清楚地理解什么是物体的瞬时速度。物体在一段时间内的平均速度定义为它在此期间穿过的空间距离除以这段时间的商。如果一艘大轮船在 6 天内穿越大西洋(3000 英里),我们就说平均速度等于每天 3000/6 或者 500 英里。但这并未告诉我们轮船在航程不同时间点的速度,譬如顶头遭遇暴风骤雨,或者其他有利或恶劣条件时的速度。例如,起航后第三天中午的速度是多少? 在经过给定瞬间后,通过求短时间的平均速度就可以得到我们想要结果的第一个近似值;也就是求出其后一小时内航行的距离和穿过该距离的时间的比率,这个时间是一天的$\dfrac{1}{24}$。

若在那一小时内航行的距离是 20 英里,我们就得到每天航行

---

　　① "Ultimate ratio",可译为"临界比值(率)或最终比",译者采用"临界比率"。——译者注

里程是 $20 \div \dfrac{1}{24}$ 或者 480 英里的平均速度。第二个近似值是用一分钟代替一小时;第三个近似值是用一秒钟代替一分钟,……依此类推,穿过的空间距离和穿越时间的比值就会越来越接近真实的速度。尽管空间距离和穿越时间越来越趋近极限零,但它们的比率却不会趋近零。当穿过的距离和所用时间都趋于无穷小时,这个比率趋近的极限,或者穿过的空间距离和穿过时间的临界比率,就是精确的瞬时速度。

3. 用这种求速度的方法计算真空物体坠落的速度。从经验得知,坠落的距离等于坠落时间平方的 16 倍,也就是 $s = 16t^2$,s 是物体从静止坠落的距离(度量单位:英尺),t 是坠落时间(度量单位:秒)。考虑某个特定瞬间的物体,t 是特定点的时间,s 是距离。假设我们等时间增加了一个微小的增量 Δt,这期间物体从起点出发的距离增加了微小的增量 Δs。由于上述公式对所有的点都成立,所以现在当时间为 $t + \Delta t$,距离为 $s + \Delta s$ 时仍然成立。亦即:

$$s + \Delta s = 16(t + \Delta t)^2$$

由此得:$s + \Delta s = 16t^2 + 32t \cdot \Delta t + 16(\Delta t)^2$

但是　　　$s = 16t^2$

两式相减,有:$\Delta s = 32t \cdot \Delta t + 16(\Delta t)^2$

由此得到:$\dfrac{\Delta s}{\Delta t} = 32t + 16\Delta t$　　　　　　　　(1)

此即坠落物体在微小的时间区间 Δt 的平均速度。

因此,如果 $\Delta t = \dfrac{1}{2}$ 秒,且 $t = 5$ 秒,那么物体从静止坠落 5 秒后算起的半秒的平均速度就是 $32 \times 5 + 16 \times \dfrac{1}{2}$ 英尺,或者 168 英尺。如果我们取值 $\dfrac{1}{160}$ 秒,而不是 $\dfrac{1}{2}$ 秒,可得 $\dfrac{1}{160}$ 秒的平均速度是 $32 \times 5 + 16 \times \dfrac{1}{160}$ 英尺,或者 160 英尺。

因此,当 Δt 的取值越来越小时,我们就能求出紧接第五秒结束后的越来越小时区的平均速度 $\dfrac{\Delta s}{\Delta t}$。当 Δt 趋近它的极限零时, $\dfrac{\Delta s}{\Delta t}$ 趋近的极限被称为恰在第五秒结束时的瞬间速度。

它的确切值是 160,这明显可以从等式(1)右边的项算出。因为 $t = 5$ 且 Δt 趋近于零时,右边的项趋近它的极限:

$32 \times 5 + 16 \times 0$,或者 160

通常,为了表示当 Δt 趋近于零时等式(1)两边的极限,我们将它写成如下形式:

$$\lim \frac{\Delta s}{\Delta t} = 32\,t。$$

4.同学们会观察到,随着 Δt 趋近于零, Δs 也趋近于零,因为物体发生移动不可能没有时间。但是,必须提醒同学们的是,不能用 $\dfrac{0}{0}$ 表示极限 $\dfrac{\Delta s}{\Delta t}$,这当然是完全不确定的。

尽管事实是 Δs 和 Δt 的极限的比率是不确定的,但 Δs 和 Δt 比率的极限却可以是完全确定的。只有后面这个概念,亦即极限 $\dfrac{\Delta s}{\Delta t}$,或者说 $\lim \dfrac{\Delta s}{\Delta t}$ 是学生必须掌握的。

无穷小量 Δs 和 Δt 的比率的极限，或者 $\lim \dfrac{\Delta s}{\Delta t}$ 称为 s 关于 t 的"导数"。因为，从 $s = 16t^2$ 我们导出 $\lim \dfrac{\Delta s}{\Delta t} = 32t$ 。

事实上，我们可以说两个等式中，后一等式中的部分是前一等式中对应部分的导数，比如说，$32t$ 是 $16t^2$ 的导数。

5. 导数也用其他名称和符号表示。因此通常不用 $\lim \dfrac{\Delta s}{\Delta t}$，而用简写符号 $\dfrac{ds}{dt}$ 表示导数。在这个表达式中，ds 和 dt 被称为 s 和 t 的微分，而 Δs 和 Δt 被称为 s 和 t 的增量。但它们不是零，且单独没有确定的值，我们可以为它们中一个选择一个任意的值。一旦确定了其中一个，另外一个也随之确定，因为这两个量必须保持比率等于 $\lim \dfrac{\Delta s}{\Delta t}$。因此微分 ds 和 dt 是互相移动的两个量，它们的比率是 Δs 和 Δt 比率的极限。

除了"导数"，$\dfrac{ds}{dt}$ 或 $\dfrac{\Delta s}{\Delta t}$ 的其他名称还有"微分商"（differential quotient）和"微系数"（differential coefficient）。

6. 在上面考察的特例中，微分商是一种速度，可以用 v 表示，因此公式（2）可以写成[①] $v = 32t$ 。

现在，可将某一点的速度定义为，当空间和时间趋近于极限零

---

① 如果距离的计量单位不是英尺，而是厘米，则有公式 $v = 980t$，在一般的表达式 $v = gt$ 中，g 是一个由选择的度量空间和时间的单位决定其数值的常数。

时,刚过该点穿过的空间距离和穿过该距离所用时间的临界比率。

7.习题

(1)一个物体降落 10 秒后的速度是多少？100 秒呢？$1\frac{1}{2}$ 呢？

(2)一个物体降落至 16 英尺时的速度是多少？

　　提示——首先利用 $s=16t^2$ 算出降落了多少秒。

(3)一个物体降落至 64 英尺时的速度是多少？4 英尺呢？1 英尺呢？2 英尺呢？

(4)已知一个物体并不是从静止开始降落,但已知初始速度为 5 英尺/秒,遵循如下关系式：

$$s=16t^2+5t \qquad\qquad (1)$$

那么它在 t 秒末的速度是多少？

　　提示——让 t 获得一个增量 Δt,s 获得一个增量 Δs,由此得到

$$s+\Delta s=16(t+\Delta t)^2+5(t+\Delta t) \qquad\qquad (2)$$

(2)式两边同时减去(1)式两边,除以 Δt,并使 Δs 和 Δt 趋向于零。

得到答案：$\lim\dfrac{\Delta s}{\Delta t}=32t+5$。

(5)物体 10 秒末的速度是多少？69 英尺末的速度呢？

(6)已知一个以初始速度 u 降落的物体遵循的规律是：

$$s=\frac{1}{2}gt^2+ut,$$

问它在 t 秒末的速度是多少呢？当 $t=3$ 时的速度是多少？

8.当一个量由另一个量决定时,就说第一个量是第二个量的函数。第二个量的变化通常会导致第一个量的变化。在函数关系存在的范围内,每一种情况下函数的极限应该是明确的。

　　因此,一个物体从静止开始降落的距离是降落时间的函数,降落的距离由降落的时间决定；对一件商品的需求是该商品价格的函数,因为如果价格

变化了,需求也会变化;如果 $y = x^2$,那么 y 是 x 的函数,因为 x 量的变化必然使得 y 的量也发生变化。

9.当一个量是另一个量的函数时,后者称为自变量,前者称为因变量。区别自变量和因变量只是为了表达的方便,两者可以交替使用。

因此,随着正在降落的物体距起点的距离的变化,它降落的时间也在变化。因此,可以说"降落时间"是"降落的距离"的函数;同样,价格也可以看成是需求的函数。亦即可以将 $y = x^2$ 写成 $x = \sqrt{y}$,使 x 成为 y 的函数。函数相关性的思想完全不同于因果相关性的思想。函数相关性是一种互相的关系。

在物体坠落的例子中,s 是 t 的函数,我们已经找到了这个函数的微分商或导数。本例中的导数是一种速度。一般来说,求给定函数微分商的过程称为求导数,这是微分学的主题。微积分计算分为两部分,这是其中之一。本书前五章讨论微分学。

10.函数微分思想的第二个重要的应用是确定曲线上任意一点的切线的方向。微积分能让我们以最一般的方式确定曲线的切线。学生应该注意到,圆的切线的通常定义不是对任何曲线和所有曲线都适用的,直线和曲线可能只有一个交点但却没有切线。

11.如图 1 所示,设 RS 是一条曲线,其方程是:

$$y = 1 + 5x - x^2 \qquad\qquad (1)$$

就是说,对于这条曲线上任意一点 P,(1)式表达的是该点的"纵坐标"y(或者从 P 点到水平轴的垂直距离 PA)和"横坐标"x

（或者从 A 点到竖轴的距离 OA）的联系方式。PA 是 OA 的函数；也就是说，曲线上任意一点 P 的高度 PA 由它距离竖轴的长度 OA 决定。

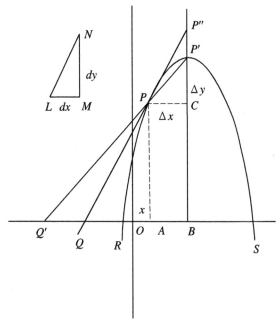

图 1 曲线的切线

在 P 点上的曲线的方向是什么？从 P 点到另一个点 P' 的方向是割线 $Q'PP'$ 的方向。P' 点的横坐标 $x + \Delta x$，纵坐标是 $y + \Delta y$。由于关系式(1)对曲线上的所有的点都成立，所以对 P' 点也成立。

因此，$y + \Delta y = 1 + 5(x + \Delta x) - (x + \Delta x)^2$

或者 $y + \Delta y = 1 + 5x + 5\Delta x - x^2 - 2x\Delta x - (\Delta x)^2$

上式两边减去 $y = 1 + 5x - x^2$

得 $\Delta y = 5\Delta x - 2x\Delta x - (\Delta x)^2$

从而有 $\dfrac{\Delta y}{\Delta x} = 5 - 2x - \Delta x$

我们在此稍停片刻分析这个关系式的含义。$\dfrac{\Delta y}{\Delta x}$ 或者 $\dfrac{P'C}{PC}$ 是 $Q'PP'$ 的"斜率"。也就是说,它是一个点从 Q' 移向 P' 时,相对于点自身水平方向前进的距离按比例上升的"比率"。和一条上升"那么多英尺才走一英里(水平距离)"的上坡路的"坡度"是同一种量值。如果 $\dfrac{\Delta y}{\Delta x} = \dfrac{1}{10}$,则水平方向每十步 $Q'PP'$ 上升一步,直线的"斜率"表示它的方向。

方程 $\dfrac{\Delta y}{\Delta x} = 5 - 2x - \Delta x$ 表明,割线 $Q'PP'$ 的斜率可以从 5 减去 OA 的单位数的 2 倍,再减去 AB 的单位数算出。譬如,如果 $OA = 2$, $AB = \dfrac{1}{2}$,则有:

$$\dfrac{\Delta y}{\Delta x} = 5 - 2 \times 2 - \dfrac{1}{2} = \dfrac{1}{2}$$

也就是说,沿割线斜向上走,侧旁横向每两步割线纵向升高一步。

9   12.但是,我们还没有得到 P 点的切线,让点 P' 沿着曲线逐渐移动直到它与 P 点重合,割线 $Q'P'$ 逐渐改变它的方向接近极限位置 QP。我们称这个极限位置为切线,其斜率是:

$$\dfrac{dy}{dx} = 5 - 2x \text{。}$$

因此,如果 $x = 2$(亦即 $OA = 2$),$\dfrac{dy}{dx} = 1$,那么 QP 向上倾斜 $45°$。如果 $x = 4$,$\dfrac{dy}{dx} = -3$,那么曲线向下倾斜,而不是向上倾斜。

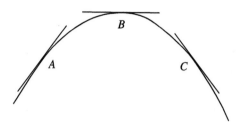

图 2　A 正斜率,B 零斜率,C 负斜率

习题

（1）在上面的曲线上,横坐标为 1 的点的切线斜率是多少? 横坐标是 0 的点呢? $2\frac{1}{2}$ 的点呢? $2\frac{1}{2}$ 点的答案含义是什么? 横坐标是 3 的点呢? 答案含义是什么? 横坐标是 6 的点呢? -1 的点呢?

（2）推导曲线 $y = 1 + x + x^2$ 的切线斜率的公式。

13. 在 P 点构造一个切线,我们要做的一切就是按要求的斜率过 P 点画一条直线。因此,如果我们希望和切线相切的点的横坐标为 1,通过上面的公式求出斜率为 3。因此,我们只需画出一条任意长度 dx 的水平直线 LM（图 1）,在它的末端画一条长度为 3 倍 dx 的垂直线 MN 或者 dy,连接 LN,这条线包含切线要求的斜率,然后过 P 点画一条与 LN 平行的线,就是切线。

我们也可以称 PC 为 dx,称 $P''C$ 为 dy。因为按照第 5 条的定义,dx 和 dy 只是两个任意的量,当 Δx 趋近它的极限 0 时,它们的比率等于 $\frac{\Delta y}{\Delta x}$ 的极限。

画出切线并计算切线斜率的问题是产生微积分的主要问题。

14. 很明显,从左边和右边都可以接近 P 点。不过,左右两边应该到达同样的极限位置,除非曲线在 P 点有一个如图3所示的角度。在此情况下,渐进切线(*progressive tangent*,右切线)PK 和回归切线(*regressive tangent*,左切线)HP 不重合。

这本小册子不考察这类特殊的点。本书考察其自变量的值的所有函数,左导数和右导数都是相同的。所考察的曲线都是"平滑的",亦即没有角度或方向的突然改变。在微积分的许多应用上,诸如统计学和经济学图表,通常方便的是先将考察的曲线弄成平滑的。当我们想从总体数据图看总的增长率是多少时,不是对实际数据图画切线,而是对和数据图最接近重合的光滑曲线画切线。

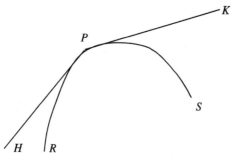

图3 渐进切线和回归切线不重合

在即将考察的左右导数都是相同的每一个特例中,同学们就能够让自己触类旁通了。

因此,对前面第3条介绍的等式 $s = 16t^2$

令 t 减少 $\Delta't$ 的量,造成 s 减少 $\Delta's$ 的量,于是有:

$s - \Delta's = 16(t - \Delta't)^2$

像前面一样,展开等式,和原式相减,最后两边除以 $\Delta't$,得:

$$\frac{\Delta' s}{\Delta' t} = 32t - 16\Delta' t$$

如前所述,上式在极限时简化为:$\dfrac{d's}{d't} = 32t$

确实,我们通常认为,从物理学看物体无法随时改变速度,因此,第 6 条给出的速度定义等同于下述的替代定义:当空间和时间趋近零极限时,物体在刚到达该点前已穿过的距离和穿过时间的临界比率。 11

因此,后面我们讨论的函数仅限于导数是连续的且本身在考察的范围内是连续的函数,也就是说,函数从一个值变化到另一个值时,连续穿过所有的中间值。

15.我们已经解释,临界比率的概念澄清了关于力学的速度和几何学的切线斜率的看法。无论是在这些学科,还是在所有的数学学科,临界比率的概念都有诸多的应用。动能、加速度、力、功率、密度、曲率、边际效用、边际成本、需求弹性、生育率以及"死亡力"等都是应用例子。

不过,临界比率的概念或函数导数的概念并不依存于任何特殊的应用,而纯粹是一个抽象的数量思想。

16.因此,令 x 和 y 两个变量满足方程式 $y = x^n$,其中 n 是固定不变的正整数,那么对任何特定的 x 值,都可以求导数 $\dfrac{dy}{dx}$ 如下: 12

令 x 得到一个增量 Δx,导致 y 产生的增量记为 Δy,则根据二项式定理,有:

$$y + \Delta y = (x + \Delta x)^n$$

$$= x^n + nx^{n-1} + \frac{n(n-1)}{2}x^{n-2}(\Delta x)^2 + \cdots + (\Delta x)^n$$

$$= x^n + nx^{n-1}\Delta x + \Delta x^2(\cdots)^{11}$$

上式两边减去 $y = x^n$，得：

$\Delta y = nx^{n-1}\Delta x + \Delta x^2(\cdots)$。两边除以 Δx，得：

$$\frac{\Delta y}{\Delta x} = nx^{n-1} + \Delta x(\cdots)$$

上等式中，括号内的部分是一个有限量，Δx 变成零后仍然是有限的。但是，当 Δx 变成零时，$\Delta x(\cdots)$ 项也等于零，因此方程式变成：

$$\frac{dy}{dx} = nx^{n-1}$$

17. 上式是求函数导数的最重要的具体公式。它表明，要求 x^n 的导数，只需将原函数的指数减去 1 并将原来的指数用作导函数的系数。

所以 x^3 的导数是 $3x^2$。当 x 穿过数值 2 时，$3x^2$ 变成 12；也就是说，y 或者 x^3 增长的速度是 x 的 12 倍，$\frac{dy}{dx}$ 是 y 的增长速度和 x 的增长速度之比。如果 y 表示物体从起点移动的距离，x 表示物体移动的时间，那么 $\frac{dy}{dx}$ 或者 $3x^2$ 就表示物体移动的速度。同样，如果 x 和 y 是方程 $y = x^3$ 的曲线的坐标轴（Coordinates，亦即横轴和纵轴），那么 $3x^2$ 就是它在横轴为 x 的点的斜率。

虽然这在逻辑上不是必要的，但在将微分描绘成可能的速度和可能的斜率的实践中很有帮助。在两位独立的微积分的发现者中，牛顿似乎使用的是前一个象，莱布尼茨使用的是后一个象。牛顿表达微分的术语是"流数"（fluxion）①。

---

① 数学上解释成"微分、流数、导数"。——译者注

习题

(1)求 x^{12},x^5,x^2,x 的导数。最后一个导数的含义是什么？

(2)当 $y = x^4$ 且 $x = 2$ 时，y 增加的速度是 x 增加速度的几倍？

(3)当 $x = -1$ 时，x^6 增加速度与 x 比较是多少？如果答案是负数意味着什么？

18．本章使用的求函数导数的过程称为"微分的一般方法"，它由下述四个步骤构成：(1)让自变量有一个微小的增量，引起因变量或函数也有一个微小的增量；①(2)在书写两个变量之间的关系时，先写出没有增量的旧关系式，再写出有增量的新关系式，然后从新关系式减去旧关系式；(3)用自变量的增量除以相减后的余式两边；(4)再从 $\dfrac{\Delta y}{\Delta x}$ 转换至 $\dfrac{dy}{dx}$。

学生们应该熟练掌握这一过程，因为它包含整个微积分计算的基础知识。

学生们会发现，第三步和第四步的顺序是不能颠倒的，否则只能得到 $0 = 0$ 的结果。

19．但是，无须变换第二步的等式形式，我们也能预期第四步的结果。因此，方程式

$$y = 5 + 2x + 3x^2 + 5x^3$$

---

　①　可以将减量(decrements)始终视为负的增量。

在第二步得出的结果是：

$$\Delta y = 2\Delta x + 6x\Delta x + 3(\Delta x)^2 + 15x^2\Delta x + 15x(\Delta x)^2 + 5(\Delta x)^3$$
$$= (2 + 6x + 15x^2)\Delta x + (3 + 15x)(\Delta x)^2 + 5(\Delta x)^3$$

从上式很容易看出，第三步(亦即除以 Δx)将消除第一个 Δx，并使 Δx 的指数减少 1，从而运算到第四步(亦即 Δx 缩减至零)时，除第一项外，其余所有项消失，只留 $2 + 6x + 15x^2$ 作为导数。现在清楚了，除 1 次幂的 Δx 项外，只须省略包含高于 1 次幂的 Δx 各项，并将 1 次幂的 Δx 项前的系数作为要求的导数，就能预见这个结果。

14　　尽管在步骤(2)省略某些项的过程仅仅是对步骤(4)必然发生结果的预期，但它可以证明它原本就是完全自然的。如果 Δx 小于 1，那么 $(\Delta x)^2$ 将小于 Δx，$(\Delta x)^3$ 将小于 $(\Delta x)^2$，以此类推。通过让 Δx 越来越小，高次幂的 $(\Delta x)^2$、$(\Delta x)^3$、$(\Delta x)^4$ 等不仅绝对值趋近于无限小，而且相比较 Δx 也趋近于无限小。因此，高次幂的 Δx 相对于 Δx 就变得越来越可以忽略，这些高次幂作为相乘因子出现的项也必然变得越来越可以忽略(当然，假定构成每一种这类项的其他因子不趋近于无穷小的极限)。

因此，如果 Δx 等于 $\dfrac{1}{100}$，$(\Delta x)^2$ 就等于 $\dfrac{1}{10000}$，$(\Delta x)^3$ 等于 $\dfrac{1}{1000000}$，

所以有：

$$\Delta y = (2 + 6x + 15x^2)\Delta x + (3 + 15x)(\Delta x)^2 + 5(\Delta x)^3$$

在上面等式中，可以通过让 Δx 减少至足够小，使得除第一项外的其余各项和第一项比较任意小，则无论 x 取值多少，只有它是有限的，就能保持各个括弧内的量是有限的。

譬如，若 $x = 2$，我们有 $\Delta y = 74\Delta x + 33(\Delta x)^2 + 5(\Delta x)^3$

那么，如果 $\Delta x = 0.01$，那么上式变成

$\Delta y = 0.74 + 0.0033 + 0.000005$

如果 $\Delta x = 0.001$,上式变成

$\Delta y = 0.074 + 0.000033 + 0.000000005$

如果 $\Delta x = 0.000001$,上式变成

$\Delta y = 0.000074 + 0.000000000033 + 0.000000000000000005$

令 Δx 的取值越小,包含 $(\Delta x)^2$ 和 $(\Delta x)^3$ 的项就越变得可以省略,直至极限处时它们就变得不仅仅"为了实际目的"可以省略,而且在绝对值上可以省略。

因此,预见性地剔除高于一阶次幂的包含更高次幂的 Δx 项, 15 可节省不少的笔力纸功。

习题

(1)若 $y = x^5$,求 $\dfrac{dy}{dx}$。

(2)若 $y = x^7 + 8x^6 + 4$,求 $\dfrac{dy}{dx}$。

(3)若 $y = 10x^{100}$,求 $\dfrac{dy}{dx}$。

(4)若 $y = ax^m + bx^n$,m 和 n 是仅含整数的常数,求 $\dfrac{dy}{dx}$。

(答案：$amx^{m-1} + bnx^{n-1}$)

(5)如果正方形的边长 x 有一个增量 i,那么正方形面积的增量是多少?

(6)在函数 $y = 3x^2 + 2x$ 中,当 y 的增速是 x 的 20 倍时,求 x 的值?

(答案：$x = 3$)

求下列函数的微分:

(7) $y = 3ab^2 x^6 + c$

(8) $y = 4x^5 - 7x^3 + 2x - 2a$　　　　　　(答案: $20x^4 - 21x^2 + 2$)

(9) $y = \dfrac{5}{3} x^3 - (a + b) x$

(10) $y = (b + x)^3 - bx^2$　　　　　　(答案: $3b^2 + 4bx + 3x^2$)

第二章　求导的一般定理

20. 如果对 $y = 2x$ 用一般方法求导数,得:

$$\frac{dy}{dx} = 2 \tag{1}$$

去掉等式的分数,得:

$$dy = 2dx \tag{2}$$

等式(2)不过是等式(1)的另一种形式,有时为了某些目的更方便一些。

因此,$dy = 6xdx$ 是 $\frac{dy}{dx} = 6x$ 的变换,而这意味 $\lim \frac{\Delta y}{\Delta x} = 6x$。$6x$ 是导数,$6xdx$ 就是微分。

这些概念都是紧密相关的。从微分求导数,等式两边只需除以 dx 就可求得;相反,从导数求微分,只要乘以 dx 就可求出。

习题

(1)求 x^5 的微分。

(2)求 x^7, x^{10}, x^4 的导数。

21. 习惯上用字母 F, f, ϕ, ψ 后带括号的 x 来表示 y 只是 x 的函数,而不说明究竟是什么函数的事实。函数很少用其他字母表示,可以简单地将函数字母视为"函数"一词的缩写。因此,

$y = x$ 的函数被缩写为 $y = F(x)$。

可以看到,和 x 与 y 不同,F,f,ϕ,ψ 等符号不表示数量,但像 Δ 和 d 那样的符号却表示数量的运算。

22．函数的一般表达式,例如 $\phi(x)$ 通常用来表示一个特定函数的简写形式。如果有方程式

$$y = \frac{1 + x - 6x^5 + \dfrac{1}{ax^n}}{\dfrac{5x}{1+x^2} + \dfrac{2-x^3}{4x^2}},$$

我们可以用 $\phi(x)$ 来表示公式右边累赘的部分,把上式缩写成 $y = \phi(x)$。

同样,如果有一个确定的曲线,例如坐标轴我们称之为 x 和 y 的统计图,我们就可以用

$$y = f(x)$$

来表示曲线所描述的 y 和 x 以一种特定的方式相联系的事实。

23．x 的函数的微分系数或导数,本身也是 x 的函数。

为了表示 $F(x)$ 的导数,我们用表达式 $F'(x)$。

因此,若 $\phi(x)$ 表示 x^6,那么 $\phi'(x)$ 就表示 $6x^5$。

所以,用 $F'(x)dx$ 表示 $F(x)$ 的微分。

24．表示 $F(x)$ 导数的另一种方法,是将它和一般求导方法联系起来。因此,若 x 有一个增量 Δx 时,$F(x)$ 就变成

$F(x + \Delta x)$。

这和原值函数 $F(x)$ 的差是：

$F(x + \Delta x) - F(x)$。

函数的这一增量和自变量 x 的增量 Δx 的比率是：

$$\frac{F(x + \Delta x) - F(x)}{\Delta x}。$$

它的极限,亦即：

$$\lim \frac{F(x + \Delta x) - F(x)}{\Delta x} 就是 F(x) 的导数,也就是 F'(x)。$$

上述过程和一般求导方法是相同的,尽管我们没有用 y 表示这一过程。我们也可以按如下过程进行：

令 $F(x)$ 等于 y,于是有：

$y = F(x)$。

从 $y + \Delta y = F(x + \Delta x)$ 减去上式,再除以 Δx,得：

$$\frac{\Delta y}{\Delta x} = \frac{F(x + \Delta x) - F(x)}{\Delta x},$$

或在极限处有

$$\frac{dy}{dx} = \lim \frac{F(x + \Delta x) - F(x)}{\Delta x}。$$

19

25. 但是,还需要熟悉一个记号,它是一个老记号的新应用。

导数不再写成 $\dfrac{dy}{dx}$,而用 $F(x)$ 代替表达式中的 y,于是就写成：

$$\frac{d[F(x)]}{dx}$$

现在学生完全可以放心地摒弃这种看法,y 是分析中的一种必要元素,可以将它视为仅仅是 $F(x)$ 的进一步缩写。

首先被认为是 (x) 的函数的应该是 $F(x)$,而非 y。因此在导论的举例中,我们不用 s 表示距离,也不将它写成 $s = 16t^2$。我们只需说,如果 t 表示时间,那么 t 的函数 $16t^2$ 就表示距离。

同样,如果用 x 表示曲线的横坐标,用 $F(x)$ 而不是 y 表示它的纵坐标,那么

$\dfrac{d(x^2)}{dx}$ 就等于 $2x$

或者 $d(x^2) = 2x\,dx$

习题

$\dfrac{d(x^3)}{dx} = ?$

$d(x^4) = ?$

因此,y 的导数,也就是 $F(x)$ 的导数有五种表示方法:

$$\lim \frac{\Delta y}{\Delta x},\ \frac{dy}{dx},\ \frac{d[F(x)]}{dx},\ F'(x),\ \lim \frac{F(x+\Delta x) - F(x)}{\Delta x}$$

20　　26．如果 x 的函数是多个 x 的函数之和,亦即,若

$$F(x) = f_1(x) + f_2(x) + \cdots$$

那么,因为方程对所有的 x 值都成立,所以当 x 变成 $x + \Delta x$ 时仍成立,有:

$$F(x + \Delta x) = f_1(x + \Delta x) + f_2(x + \Delta x) + \cdots$$

从下面的式子减去上面的式子并除以 Δx,得:

$$\frac{F(x+\Delta x) - F(x)}{\Delta x} = \frac{f_1(x+\Delta x) - f_1(x)}{\Delta x} + \frac{f_2(x+\Delta x) - f_2(x)}{\Delta x}$$

$$+ \cdots$$

现在令 Δx 趋近于极限零,那么上式中各项的极限,有:

$$\lim \frac{F(x+\Delta x) - F(x)}{\Delta x} = \lim \frac{f_1(x+\Delta x) - f_1(x)}{\Delta x}$$

$$+ \lim \frac{f_2(x + \Delta x) - f_2(x)}{\Delta x} + \cdots$$

或者 $F'(x) = f_1'(x) + f_2'(x) + , etc$。

也就是说,多个函数和的导数是这些函数导数的和。同样的理由,对应的函数差的定理也成立。

因此, $x^2 + x^3$ 的导数是 $2x + 3x^2$。

有时候这个定理被用于微分形式

$$F'(x) dx = f_1'(x) dx + f_2'(x) dx + \cdots,$$

或者同理

$$F'(x) dx = [f_1'(x) + f_2'(x) + \cdots] dx。$$

习题

求下列各式的导数

(1) $x^6 + x^2 - x^4$

(2) $x^7 - x^2 + x$

(3) $- x^2 + x^{10}$

27. 如果 x 的函数是另一个 x 的函数和一个常数的和,即 21
如果

$$F(x) = f(x) + K \qquad\qquad (1)$$

其中 K 是常数,那么:

$$F'(x) = f'(x) \qquad\qquad (2)$$

结果和(1)式中没有 K 的结果一样。(2)式的证明很简单。

当 x 变为 $x + \Delta x$ 时,(1)式变为:

$$F(x + \Delta x) = f(x + \Delta x) + K \qquad\qquad (1)'$$

当我们从(1)′式减去(1)式时,K 就完全消掉了,然后除以 Δx 得:

$$\frac{F(x + \Delta x) - F(x)}{\Delta x} = \frac{f(x + \Delta x) - f(x)}{\Delta x}$$

上式在极限处还原到(2)式。如果将(1)式中 K 前面的符号变成负的,而不是正的,可得同样的求导结果。

因此,要求包含常数的一系列项的和(或差)的导数,我们可以忽略常数项,只须求那些是 x 的函数的所有项的导数的和(或差)。

因此,如果 $y = x^3 + 5$,则 $\frac{dy}{dx} = 3x^2$

同理,$x^5 - x^4 + x + a - b - 8$ 的导数是 $5x^4 - 4x^3 + 1$。

有时候也这样表达上述结果,即将式中所有的项,甚至常数项,都视为 x 的函数,并说常数项的导数是零。

22　习题

求下列函数的导数

(1)$x^2 + 2$

(2)$x^2 + 3 + x^4$

(3)$x^3 + x^5 + 19$

(4)用求导的一般方法证明(3)式的答案。

28. 如果 x 的函数是一个常数和另一个 x 的函数的积,亦即:

$$F(x) = K\phi(x) \qquad\qquad (1)$$

那么有:

$$F'(x) = K\phi'(x) \tag{2}$$

也就是说,函数和常数乘积的导数是该函数的导数和常数的乘积。

证明

当 x 变成 $x + \Delta x$,(1)式变为

$$F(x + \Delta x) = K\phi(x + \Delta x) \tag{1'}$$

从(1)′式减去(1)式,并除以 Δx 得:

$$\frac{F(x + \Delta x) - F(x)}{\Delta x} = \frac{K\phi(x + \Delta x) - K\phi(x)}{\Delta x}$$

$$= K\frac{\phi(x + \Delta x) - \phi(x)}{\Delta x};$$

或者在极限处

$$F'(x) = K\phi'(x)$$

推论——mx^n 的导数是 m 倍的在第 16 条给出的 x^n 的导数,因此它的导数是 mnx^{n-1}。因为经常用到这一结论,应该谨记于心。当 n 是 1 的时候,导数就是 m。(第 18 条直接证明了这一法则)

习题

求下列式子的导数

$$5x^8, 2x^7, 4x^{10}, 3x, \frac{1}{2}x^8, \frac{x^6}{3}, \frac{\sqrt{2}\,x^7}{5}, x^8(1 + \frac{\sqrt{5}}{1 - \sqrt{2}})$$

29. 如果 x 的函数是两个 x 的函数的乘积,亦即

$$F(x) = \phi(x)\psi(x),那么:$$

23

$$F(x + \Delta x) = \phi(x + \Delta x)\psi(x + \Delta x)$$

第二个式子减第一个式子并除以 Δx，得：

$$\frac{F(x + \Delta x) - F(x)}{\Delta x} = \frac{\phi(x + \Delta x)\psi(x + \Delta x) - \phi(x)\psi(x)}{\Delta x}$$

上式右边代数分式的分子加减 $\phi(x)\psi(x + \Delta x)$，可以在不改变其值的条件下变换其形式，从而有：

$$\frac{\phi(x + \Delta x)\psi(x + \Delta x) - \phi(x)\psi(x) - \phi(x)\psi(x + \Delta x) + \phi(x)\psi(x + \Delta x)}{\Delta x}$$

按公因数合并同类项得：

$$\frac{\left[\phi(x + \Delta x) - \phi(x)\right]\psi(x + \Delta x) + \phi(x)\left[\psi(x + \Delta x) - \psi(x)\right]}{\Delta x}$$

或者

$$\frac{\left[\phi(x + \Delta x) - \phi(x)\right]}{\Delta x}\psi(x + \Delta x) + \frac{\left[\psi(x + \Delta x) - \psi(x)\right]}{\Delta x}\phi(x)$$

依次解释上述各项，我们看到

$\dfrac{\phi(x + \Delta x) - \phi(x)}{\Delta x}$ 的极限是 $\phi'(x)$，

$\psi(x + \Delta x)$ 的极限是 $\psi(x)$，

$\dfrac{\psi(x + \Delta x) - \psi(x)}{\Delta x}$ 的极限是 $\psi'(x)$，

$\phi(x)$ 的极限是 $\phi(x)$，

由此可得等式右边代数分数项的极限是

$$\phi'(x)\psi(x) + \psi'(x)\phi(x)$$

同时等式左边代数分数项，

$\dfrac{F(x + \Delta x) - F(x)}{\Delta x}$ 的极限是 $F'(x)$

令这些极限相等，得

$$F'(x) = \phi'(x)\psi(x) + \psi'(x)\phi(x)$$

一句话,两个函数乘积的导数是每个函数的导数乘另一个函数的积的和。因此,

$$\frac{d[x^2(1+x^2)]}{dx} = \frac{dx^2}{dx}(1+x^2) + \frac{d(1+x^2)}{dx}x^2$$
$$= 2x(1+x^2) + 2x \cdot x^2$$
$$= 2x(1+2x^2)$$

习题

(1)先用第 29 条介绍的方法求 $(1+x^2)(1-x^2)$ 的导数,然后将多项式乘出括弧外再求导数。

(2)求下式的导数

$$(2+x^3-x^4)(5+x^5)$$
$$4(x^2+1)(x^3-2)$$
$$a(3x^2+4)(5x^8+6x^2+7x+8)$$
$$(a+b)(kx^m + hx^m + p)(qx^2 + r)$$

(3)将 K 看成导数为零的 $\psi(x)$ 形式,用第 29 条法则证明第 28 条法则(参见第 27 条结尾)。

(4)用不同的符号证明第 29 条法则。

30. 推论——如果 $F(x) = f_1(x)f_2(x)f_3(x)$,则可以将 $f_2(x)f_3(x)$ 缩写为 $\phi(x)$,得:

$$F(x) = f_1(x)\phi(x)$$

因此,

$$F'(x) = f_1'(x)\phi(x) + \phi'(x)f_1(x)$$

用 $\phi(x)$ 的值 $f_2(x)f_3(x)$ 替换上式的 $\phi(x)$,并用 $\phi'(x)$ 的值

$f_2{}'(x)f_3(x)+f_3{}'(x)f_2(x)$替换上式的 $\phi'(x)$，有

$$F(x)=f_1{}'(x)[f_2(x)f_3(x)]+[f_2{}'(x)f_3(x)+f_3{}'(x)f_2(x)]f_1(x)$$

$$=f_1{}'(x)f_2(x)f_3(x)+f_2{}'(x)f_1(x)f_3(x)+f_3{}'(x)f_1(x)f_2(x)$$

25　　　　通过连续运用第 29 条介绍的法则，这个定理可以推广到求任意多个函数的积的导数，简述如下：

任意多个函数的积的导数，等于每一个函数的导数乘以其他所有函数相乘的积的结果的和。

习题

求下列式子的导数

$$(x^2+1)(x+1)(x-1),x^3(x^2+2x+3)(2x^4-7)(4-x^5)$$

31. 如果 $F(x)=\dfrac{1}{\phi(x)}$，且 $\phi(x)$不等于零，那么：

$$\frac{F(x+\Delta x)-F(x)}{\Delta x}=\frac{\dfrac{1}{\phi(x+\Delta x)}-\dfrac{1}{\phi(x)}}{\Delta x}$$

$$=\frac{\phi(x)-\phi(x+\Delta x)}{\Delta x\phi(x)\phi(x+\Delta x)}$$

$$=\frac{-1}{\phi(x)\phi(x+\Delta x)}\cdot\frac{\phi(x+\Delta x)-\phi(x)}{\Delta x}$$

或者在极限处：

$$F'(x)=\frac{-1}{[\phi(x)]^2}\cdot\phi'(x)$$

$$=\frac{-\phi'(x)}{[\phi(x)]^2}$$

也就是说，函数倒数的导数，是负的函数导数除以函数的平方。

因此 $\dfrac{1}{3x^2}$ 的微分商就等于

$$-\frac{\dfrac{d(3x^2)}{dx}}{(3x^2)^2}\text{，或}\frac{-6x}{9x^4}\text{，或}\frac{-2}{3x^3}。$$

32.例题

(1)求下列各式的导数

$$\frac{1}{x^4}\text{，}\frac{1}{1+x^3}\text{，}\frac{1}{1+x+x^2}$$

答案　$\dfrac{-1}{x^5}$，$\dfrac{-3x^2}{(1+x^3)^2}$，$-\dfrac{1+2x}{(1+x+x^2)^2}$

(2)用第 29 条的方法证明，如果 $F(x)=\dfrac{\phi(x)}{\psi(x)}$，

那么 $F'(x)=\dfrac{\phi'(x)\psi(x)-\phi(x)\psi'(x)}{[\psi(x)]^2}$

(3)将 $\dfrac{\phi}{\psi}$ 改写成 $\phi\cdot\dfrac{1}{\psi}$ 的形式后，用第 29 条和第 31 条的结论证明同一个定理。

26

33. 在此可以应用第 31 条的结论概括第 16 条的定理。第 16 条介绍，求 x^n 的导数只有在 n 为正整数的限制条件下才可以得到。但是如果 n 为负整数 $-m$，那么 x^n 变为 $\dfrac{1}{x^m}$。只有在分母不为零的前提下，亦即 x 不为零时，这个分数才有定义。它的导数变为：

$$\frac{-mx^{m-1}}{x^{2m}}\text{，可简化为 }-mx^{-m-1}\text{ 或 }nx^{n-1}。$$

也就是说,可以消除第 16 条施加的 n 必须是正数的限制条件。

习题

求下列各式的导数

(1) x^{-2}

(2) $3x^{-5}$

(3) $\dfrac{1}{x^7}$

(4) $\dfrac{1}{8x^3}$

34. 如果想对两个函数的商求导数,如求 $\dfrac{\phi(x)}{\psi(x)}$ 的导数,我们可以结合应用第 29 条和第 31 条的结论,因为函数的商可改写成 $\phi(x) \cdot \dfrac{1}{\psi(x)}$。

因此,$\dfrac{1+x^2}{1-x^3}$ 的导数可以通过将它改写成 $(1+x^2) \cdot \dfrac{1}{1-x^3}$ 来求得。应用积的求导定理,可得:

$$(1+x^2) \cdot \frac{d\left(\dfrac{1}{1-x^3}\right)}{dx} + \left(\frac{1}{1-x^3}\right) \cdot \frac{d(1+x^2)}{dx}$$

上式很容易简化。

学生如果愿意,只须记住第 32 条的例题 2 的结论,直接应用即可。

35. 如果 z 是 y 的函数,y 又是 x 的函数,则 x 的一个增量 Δx

将会产生一个 y 的增量 Δy，最终产生一个 z 的增量 Δz。

显然，$\dfrac{\Delta z}{\Delta x} = \dfrac{\Delta z}{\Delta y} \cdot \dfrac{\Delta y}{\Delta x}$

因此，这些量的极限（假定存在明确的极限）将有同样的关系，亦即：

$\dfrac{dz}{dx} = \dfrac{dz}{dy} \cdot \dfrac{dy}{dx}$

这种关系也可以表达为：

如果 $F(x) = \phi[f(x)]$，

那么 $F'(x) = \phi'[f(x)]f'(x)$

必须仔细注意的是，$\phi'[f(x)]$ 是指 $\phi[f(x)]$ 的导数，不是关于 x 的导数，而是关于 $f(x)$ 的导数。它是 $\dfrac{dz}{dy}$ 而不是 $\dfrac{dz}{dx}$，或者说是 $\dfrac{d\phi[f(x)]}{df(x)}$ 而不是 $\dfrac{d\phi[f(x)]}{dx}$。

简言之，关于 x 的函数的函数中的 x 的导数，是前一个函数关于后一个函数的导数再乘以后一个函数关于 x 的导数。

因此，如果 $y = (1 + x^2)^3$，求 $\dfrac{dy}{dx}$ 可以通过如下方法：令 $1 + x^2$ 为 w，然后根据 $y = w^3$ 求 $\dfrac{dy}{dw}$，再根据 $w = 1 + x^2$ 求 $\dfrac{dw}{dx}$。

也就是：$\dfrac{dy}{dx} = \dfrac{dy}{dw} \cdot \dfrac{dw}{dx} = 3w^2 \cdot 2x = 3(1 + x^2)^2 \cdot 2x$

但是其实没有必要用 w，同学们应当学会像省略 y 一样省略它，这样要求的导数就变成：$\dfrac{d(1 + x^2)^3}{d(1 + x^2)} \cdot \dfrac{d(1 + x^2)}{dx} = 3(1 + x^2) \cdot 2x$

若使用微分符号，这个过程就变得更易识记和应用。$\phi[f(x)]$ 的微分是：

$d\phi[f(x)]$，或者 $\phi'[f(x)]df(x)$，或者 $\phi'[f(x)]f'(x)dx$。

28　　　也就是说,我们开始微分时,将"$f(x)$"看作是一个整体,结果包含 $df(x)$。然后再按 $df(x)$ 的意思作进一步的微分运算。

因此,$d(1+x^2)^3 = 3(1+x^2)^2 \cdot d(1+x^2) = 3(1+x^2)^2 \cdot 2xdx$

在上式中,"$(1+x^2)$"一开始原样未动,好像它不是一个符号的组合,而只是一个单一的繁冗的符号。

36. 习题

求微分

(1)$4(2+x^3)^2$

(2)$(7+x)^5$

(3)$2(1+2x+x^2)^3$　　　　　　　(答案:$12(1+x)(1+2x+x^2)^2$)

(4)$(3x^3-2)^{-4}$

(5)$\dfrac{1}{(x^2+x+1)^2}$

(6)$\dfrac{3}{(2x^3+3x^2+4)^5}$　　　　(答案:$-\dfrac{90x(x+1)}{(2x^3+3x^2+4)^6}$)

(7)$a+b(1+x^2)^2+c(1+x^2)^3+k(1+x^2)^5$

(8)$(3(ax^2+bx+c)^3+\dfrac{5}{k(ax^2+bx+c)^2})[h-m(ax^2+bx+c)^n]$

37. 类似的,如果我们有一个函数的函数的函数(三重复合函数)形如:

$$F(x) = \phi(\psi[f(x)])$$

我们可以证明

$$F'(x) = \phi'[\xi(x)]\xi'(x)$$

用 ξ 的设定值代替 ξ，用根据第 35 条求得的 ξ' 的值代替 ξ'，得：

$$F'(x) = \phi'\{(\phi[f(x)])\}\phi'[f(x)]f'(x)$$

对任意数的多重复合函数也依次类推。如果我们采用微分，而不是导数，就有：

$$d\{\phi_1(\phi_2[\phi_3(\cdots)])\} = \phi_1' d\phi_2$$
$$= \phi_1'\phi_2' d\phi_3$$
$$= \phi_1'\phi_2'\phi_3' d\phi_4$$
$$= \cdots$$

证明留给同学们。

习题

(1) 求下式的导数

$$4[2(1+x^2)^2 + 3(1+x^2)^3]^2 + 5[2(1+x^2)^2 + 3(1+x^2)^3]^3$$

(2) 求下式的微分

$$\{a + [b + (c + hx^2)^3]^5\}^2$$

38. 本章的结论总结如下：

$$(1)\ \frac{d[f_1(x) \pm f_2(x) \pm \cdots]}{dx} = f_1'(x) \pm f_2'(x) \pm \cdots$$

$$(2)\ \frac{d[\phi(x)\psi(x)]}{dx} = \phi(x)\psi'(x) + \psi(x)\phi'(x)$$

$$(3)\ \frac{d[K\phi(x)]}{dx} = K\phi'(x)$$

$$(4)\ \frac{d\left[\dfrac{1}{\phi(x)}\right]}{dx} = \frac{-\phi'(x)}{[\phi(x)]^2}$$

$$(5)\ \frac{d[\phi(f(x))]}{dx} = \phi'[f(x)]f'(x)$$

第三章　初等函数求导

39.我们已从第 16 条和第 33 条知道，x^n 的导数是 nx^{n-1}，其中 n 为任意整数。x^n 为初等代数函数。

现在对被称为"超越函数"[①]的初等函数求导数，为此回顾求导的一般方法。我们先看三角函数。

40.
$$\frac{d(\sin x)}{dx} = \lim \frac{\sin(x + \Delta x) - \sin x}{\Delta x}$$

$$= \lim \frac{\sin x \cos \Delta x + \cos x \sin \Delta x - \sin x}{\Delta x}$$

$$= \lim \{\cos x \, \frac{\sin \Delta x}{\Delta x} - \sin x \cdot \frac{1 - \cos \Delta x}{\Delta x}\}$$

但是，当 Δx 趋向于零时，在极限处 $\frac{\sin \Delta x}{\Delta x}$ 等于 1，而 $\frac{1 - \cos \Delta x}{\Delta x}$ 等于零。这些结果可以通过图 4 证明。

如图 4 所示，AB 表示半径 OA 是 1（单位半径）的圆的弧度 Δx，所以 BC 等于 $\sin \Delta x$，CO 等于 $\cos \Delta x$，CA 等于 $1 - \cos \Delta x$。

因此，$\frac{\sin \Delta x}{\Delta x}$ 就表示 $\frac{BC}{BA}$，

$\frac{1 - \cos \Delta x}{\Delta x}$ 就表示 $\frac{CA}{BA}$

———————————

① 数学术语的英文名是"transcendental function"，超越函数：指不能通过代数加、减、乘、除、对合或逆运算得到的函数。——译者注

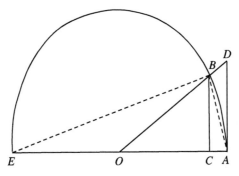

图 4　三角函数的求导

当 BA 趋近于 0 时，CA 和 BC 趋近于 0。

$\lim \dfrac{BC}{BA} = 1$ 和 $\lim \dfrac{CA}{BA} = 0$ 留给同学证明,提示如下：

31

(1) $1 > \dfrac{BC}{arcBA} > \dfrac{BC}{DA} = \dfrac{CO}{AO}$,趋近于极限 1。

(2) $\dfrac{CA}{BA} = \dfrac{CA}{BC} \cdot \dfrac{BC}{BA} = \dfrac{BC}{CE} \cdot \dfrac{BC}{BA}$,趋近于 0×1。

因此,$\dfrac{d(\sin x)}{dx} = \cos x \times 1 - \sin x \times 0 = \cos x$

同样的,我们可以证明 $\dfrac{d\cos x}{dx} = -\sin x$

41. $\dfrac{d\tan x}{dx} = \dfrac{d\left(\dfrac{\sin x}{\cos x}\right)}{dx} = \dfrac{\cos x \cos x + \sin x \sin x}{\cos^2 x} = \dfrac{1}{\cos^2 x}$

同理,$\dfrac{d\cot x}{dx} = \dfrac{-1}{\sin^2 x}$

42. 根据第 31 条,有 $\dfrac{d\sec x}{dx} = \dfrac{d\left(\dfrac{1}{\cos x}\right)}{dx} = \cdots$

32

$$和 \quad \frac{d(\mathrm{cosec}\,x)}{dx} = \frac{d(\frac{1}{\sin x})}{dx} = \cdots$$

43. $\dfrac{d(a^x)}{dx} = \lim \dfrac{a^{x+\Delta x} - a^x}{\Delta x} = \lim a^x \cdot \dfrac{a^{\Delta x} - 1}{\Delta x}$

令 $a^{\Delta x} - 1 = \delta$，于是有 $a^{\Delta x} = \delta + 1$，

且有 $\Delta x \log a = \log(1+\delta)$，和 $\Delta x = \dfrac{\log(1+\delta)}{\log a}$

所以，$\dfrac{d(a^x)}{dx} = \lim a^x \dfrac{\delta}{\dfrac{\log(1+\delta)}{\log a}}$

$$= \lim a^x \log a \frac{1}{\dfrac{\log(1+\delta)}{\delta}}$$

$$= \lim a^x \log a \frac{1}{\log\{(1+\delta)^{\frac{1}{\delta}}\}}$$

当 δ 趋近于零（当 Δx 趋近于零时显然如此），$(1+\delta)^{\frac{1}{\delta}}$ 的极限约等于 2.718，被称为 e。①②

33　　　因此在极限处，$\dfrac{d(a^x)}{dx} = a^x \log a \dfrac{1}{\log e}$。

---

①　这个基本量也可以表述如下：假定对应"25 年期赊购"的利率是 4%，则每年复利一次的 1 美元在这 25 年就等于 $(1.04)^{25}$ 美元；每半年复利一次的 1 美元在同样的 25 年就是 $(1.02)^{50}$ 美元；每季度复利一次的 1 美元在这 25 年就是 $(1.01)^{100}$ 美元；每天复利一次的 1 美元在这 25 年就是 $(1+\frac{4}{36500})^{\frac{36500}{4}} = (1+\frac{4}{36500})^{9125}$ 美元；瞬时复利一次的 1 美元在这 25 年就是 $\lim(1+\delta)^{\frac{1}{\delta}}$ 美元，或者 e 美元。因此，e 就是 1 美元在购买期瞬时复利或连续复利金额。也就是说，1 美元在 25 年购买期连续复利的金额是 2.718 美元，季度复利的金额是 2.705 美元，年复利金额是 2.666 美元。

②　原书上面注释的瞬时复利一次的 1 美元在这 25 年严格来说是 $\lim\limits_{\rho \to \infty}(1+\frac{4}{\rho \times 100})^{\frac{100}{4} \times \rho} = \lim\limits_{\rho \to \infty}(1+\frac{1}{\rho \times 25})^{25 \times \rho} = e$ 美元，只要令 $\delta = \frac{1}{25 \times \rho}$，上式即变为 $\lim(1+\delta)^{\frac{1}{\delta}}$ 美元，或者 e 美元。——译者注

这个结论和对数的系统构成无关。它对于"常用对数"是成立的。如果我们以 e 为对数底数（如采用纳氏系统），那么有 $\log e = 1$，结果可以简化为

$$\frac{d(a^x)}{dx} = a^x \log a \text{ 。}$$

最后，如果 $a = e$，结果还可以再简化，因为 $\log e = 1$，因此有：

$$\frac{d(e^x)}{dx} = e^x \text{ 。}$$

因此，我们用 Log 表示常用对数，而用 log 来表示纳普尔对数。[①] 用 $\log_b$ 表示任何其他对数，其中下标 b 表示的是对数系统的底数。

44. 现在我们继续考察之前已讨论过的函数的反函数。

$y = \arcsin x$ 表示 y 是正弦为 x 的弧度（有时也用符号 $\sin x^{-1}$ 表示）。也就是说，它和 $x = \sin y$ 的意思相同。

从 $\dfrac{dx}{dy} = \cos y = \sqrt{1 - \sin^2 y} = \sqrt{1 - x^2}$

可知：$\dfrac{dy}{dx} = \dfrac{1}{\sqrt{1 - x^2}}$。

因为 $\dfrac{dx}{dy}$ 是 $\dfrac{dy}{dx}$ 的倒数。这两个表达式是 $\dfrac{\Delta x}{\Delta y}$ 和 $\dfrac{\Delta y}{\Delta x}$ 的极限值，而 $\dfrac{\Delta x}{\Delta y}$ 也是 $\dfrac{\Delta y}{\Delta x}$ 的倒数。

故 $\dfrac{dy}{dx} = \dfrac{1}{\sqrt{1 - x^2}}$，

或者 $\dfrac{d(\arcsin x)}{dx} = \dfrac{1}{\sqrt{1 - x^2}}$。

同理，$\dfrac{d(\arccos x)}{dx} = \dfrac{-1}{\sqrt{1 - x^2}}$。

---

① 数学术语的英文名是"Naperian Logarithm"，纳普尔对数，即今天说的自然对数。——译者注

45. 如果 $y = \arctan x$，那么 $x = \tan y$。

$$\frac{dx}{dy} = \frac{1}{\cos^2 y} = \sec^2 y = 1 + \tan^2 y = 1 + x^2$$

因此 $\dfrac{dy}{dx} = \dfrac{1}{1 + x^2}$。

或者 $\dfrac{d(\arctan x)}{dx} = \dfrac{1}{1 + x^2}$。

同理 $\dfrac{d(\text{arccot} x)}{dx} = \dfrac{-1}{1 + x^2}$。

46. 如果 $y = \log x$，那么 $x = b^y$，其中 b 为对数的底数。

因此 $\dfrac{dx}{dy} = b^y \log_b b \dfrac{1}{\log_b e}$。

但是 $\log_b b = 1$

从而 $\dfrac{dx}{dy} = b^y \dfrac{1}{\log_b e} = \dfrac{x}{\log_b e}$，

所以 $\dfrac{dy}{dx} = \dfrac{\log_b e}{x}$。

这个结论和对数的特定形式无关。

如果 $b = e$，那么 $\log_b e = 1$，结果可以简化为：

$$\frac{dy}{dx} = \frac{1}{x},$$

或者 $dy = \dfrac{dx}{x}$。

47. 现在，我们可以对第 16 条和第 33 条表述的定理做进一步概括。我们曾将 n 限于整数。但如果在 $y = x^n$ 中，n 是任意实数的话，则有：

$$\log y = n \log x$$

对两边求微分，得到：

$$\frac{dy}{y} = n \frac{dx}{x}$$

因此 $\dfrac{dy}{dx} = \dfrac{ny}{x} = \dfrac{nx^n}{x} = nx^{n-1}$

也就是说,第 16 条和第 33 条规定的 n 必须为整数的限制条件消除了。n 可以是一个分数,一个无理数,或者其他任意实数。

习题

求下列式子的导数

(1)$x^{\frac{3}{2}}$,$x^{\frac{1}{2}}$,$x^{\frac{7}{2}}$,$\sqrt[5]{x}$,$x^{\frac{-1}{3}}$,$\sqrt[3]{x}$,$\dfrac{1}{\sqrt{x}}$

(2)$\sqrt{1+x^2}$,$(x^{\frac{3}{2}}-1)^{\frac{2}{3}}$,$\sqrt[3]{a+b\sqrt{x}+cx^{\frac{5}{6}}}$

48.本章的结论可以总结如下:

直接函数	反函数[①]
$d(x^n)=nx^{n-1}dx$	
$d(mx^n)=mnx^{n-1}dx$	
$d(\sin x)=\cos x dx$	$d(\arcsin x)=\dfrac{dx}{\sqrt{1-x^2}}$
$d(\cos x)=-\sin x dx$	$d(\arccos x)=\dfrac{-dx}{\sqrt{1-x^2}}$
$d(\tan x)=\dfrac{dx}{\cos^2 x}$	$d(\arctan x)=\dfrac{dx}{1+x^2}$
$d(\cot x)=\dfrac{-dx}{\sin^2 x}$	$d(\text{arccot} x)=\dfrac{-dx}{1+x^2}$
$d(a^x)=\dfrac{a^x Loga dx}{Loge}=a^x \log a dx$	$d(Log x)=\dfrac{dx}{x}Loge$
$d(e^x)=e^x dx$	$d(\log x)=\dfrac{dx}{x}$

没有给出和 x^n 对应的反函数(对更一般形式的 kx^n 也没有　36

---

① 数学术语的英文名是"direct function"和"inverse function"。——译者注

给出反函数),因为在这种情况下反函数的形式和原函数的形式相同。

（如果 $y = x^n$，$x = y^{\frac{1}{n}} = y^m$，其反函数的形式与 x^n 的形式相同。）

49.习题

求下列函数的微分

(1) $3\sin x$

(2) $1 - a\sin x + b\cos x$

(3) $2\sin x\cos x$　　　　　　　　（答案：$2\cos 2x$）

(4) $\sin x\tan x$

(5) $\cot x + x^2\cos x$

(6) $\log x + \tan x\cos x$　　　　　　（答案：$\dfrac{1}{x} + \cos x$）

(7) $x^2 a^x$

(8) $(a\log x - bx^2 + ca^x)(1 - x^3)$

(9) $\sin 3x$　　　　　　　　　　　（答案：$3\cos 3x$）

(10) $\cos x^2$

(11) $\tan(1 + x + x^2)$　　　　　　（答案：$\dfrac{1 + 2x}{\cos^2(1 + x + x^2)}$）

(12) $\log x^3 + \dfrac{1}{x} + x\tan(x + a^x - \arccos 3x)$

第四章 连续求导

——极大值和极小值

50. 我们知道，$2x^4$ 的导数是 $8x^3$，$8x^3$ 的导数是 $24x^2$。一个导数的导数被称作是原函数的二阶导数。

当 $F(x)$ 表示原函数，$F'(x)$ 表示它的导数（为了避免误解，我们称之为一阶导数），那么 $F''(x)$ 表示二阶导数，$F'''(x)$ 为三阶导数[即表示 $F''(x)$ 的导数]。

同样，我们用符号 $\dfrac{dy}{dx}$ 表示一阶导数。那么显然二阶导数就是 $\dfrac{d\left(\frac{dy}{dx}\right)}{dx}$，通常可以简写为 $\dfrac{d^2y}{dx^2}$；类似的，三阶导数 $\dfrac{d\left(\frac{d^2y}{dx^2}\right)}{dx^2}$ 可以写作 $\dfrac{d^3y}{dx^3}$，之后高阶导数为 $\dfrac{d^4y}{dx^4}$，$\dfrac{d^5y}{dx^5}$ 等。

51. 习题

(1) 求 x^5 的三阶导数。

(2) 求 x^2 得二阶导数、三阶导数和四阶导数。

(3) 对 ax^n 连续求导。是否会出现零的结果？要得到这种结果，n 必须是何种数？

(4) 对 $\sin x$ 连续求导。　　　（答案：$\cos x$，$-\sin x$，$-\cos x$，$\sin x$）

(5) 对 $\tan x$ 连续求导。

(6)对 a^x 连续求导。

(7)对 arcsin$x$ 连续求导。

(8)对 arctan$x$ 连续求导。　（答案：$\dfrac{1}{1+x^2}$，$-\dfrac{2x}{(1+x^2)^2}$，$-\dfrac{2(1-3x^2)}{(1+x^2)^3}$）

(9)对 log$x$ 连续求导。

52.正如一阶导数揭示了速度、切线斜率等问题，二阶导数则阐明了加速度、曲率等问题。

已知一个降落的物体有 $s=16t^2$，那么：

$$\frac{ds}{dt}=32t \qquad\qquad (1)$$

因此

$$\frac{d^2s}{dt^2}=32 \qquad\qquad (2)$$

像在第 6 条中那样，若用 v 表示$\dfrac{ds}{dt}$，可以帮助我们更好地理解结论，于是(1)就变为：

$$v=32t \qquad\qquad (1)'$$

那么(2)就变为：

$$\frac{dv}{dt}=32 \qquad\qquad (2)'$$

其中$\dfrac{dv}{dt}$显然就是$\dfrac{d^2s}{dt^2}$，

因为这两者都只是 $\dfrac{d\left(\dfrac{ds}{dt}\right)}{dt}$ 的缩写。

(2)或者(2)′是什么意思呢？$\dfrac{dv}{dt}$指物体增加速度的比率。很明显，一个运动的物体确实在加速或者减速，有些物体加速或者减速要比其他物体快一些。

　　加速或者减速和物体当下运动的快慢没有关系。一个运动慢的物体可以很快地增加速度,而一个运动快的物体可能根本没有加速甚至在减速。

　　如果我们用"velo"一词表示速度的单位,或者表示"英尺/秒",我们从(1)式可知,一个降落了 2 秒的物体的速度是 64velos,在 5 秒末的速度是 160velos。物体在 3 秒内增加的速度是 96velos,也就是 32velos/s。

　　当然这不是说物体在所有的时间都以 32velos/s 的比率加速的。但公式(2)告诉我们,情况的确如此。地球上的落体始终是以 32velos/s 的比率增加速度的。

　　速度增加的比率称为加速度。因此,我们知道,自由落体的降落是"均匀加速的运动"。

　　注意,加速度或速度的增加比率可以用 32velos/s 表示,但却不能表示成任何数目的每秒英尺。相反,若用它的定义"英尺/秒"替换 velos,32velos/s 就是每一秒钟的 32 英尺/秒。

　　如果一个物体在 t 时间内运动的距离不是 $16t^2$ 而是 $10t^3$,那么它的速度就是 $30t^2$,加速度就是 $60t$。也就是说,这个例子中的加速度是由时间决定的。如果一个物体已经下落了 2 秒,它的加速度就是 120velos/s;如果一个物体已经下落了 3 秒,他的加速度就是 180velos/s,以此类推。

　　53. 如果 $F(x)$ 表示曲线上任意一点横坐标为 x 时对应的纵坐标,那么 $F'(x)$ 就表示该点的切线斜率。$F''(x)$ 表示什么? 显然,它是随着 x 的增加,斜率在这个特定点变化的比率,表示我们称之为曲线在该点相对于 x 轴的曲率。

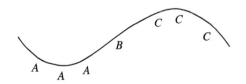

图 5   斜率增加的比率:A 正;B(拐点)零;C 负

但是,曲率通常是用切线本身测量的。要表达曲率的更准确含义,还是相当复杂。在曲线呈水平状的点,这两种曲率是相同的。

54. 前已说明,当曲线呈水平状时,切线的斜率 $F'(x)$ 是零。但曲线呈水平状的点有三种:在 A 处和 D 处的极大值点(图 6),在 C 处的极小值点,或者在 B 处的水平拐点。

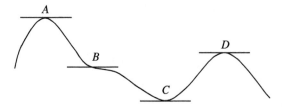

图 6   零斜率点:A,极大值点;B,(水平拐点);C,极小值点;D,极大值点

曲线上的极大值点是指该点的纵坐标(或 y)比其两侧邻域内的任意点的纵坐标都要大。("在邻域里的点"是指曲线在该点两侧有限的小距离内的所有点。)极小值点指该点的纵坐标小于两侧邻域的任意点的纵坐标。拐点指曲线在该点两侧的邻域在该点相反的位置,对应的相邻部分的切线也在相反的位置,如图 5 和图 6 中的 B 点。

在极大值点的左邻域,曲线的斜率值是正的;而在极大值点的右邻域,曲线的斜率值是负的。在极小值点,斜率在左边是负值,在右边是正值。在水平拐点,斜率在两边都是正值或负值。

必须注意的是,一条曲线可以有多个极大值点或极小值点。一个极大值点纵坐标不意味是所有曲线纵坐标中最大的,它只是在它的邻域内是最大的。因此,D 点的纵坐标是一个极大值,尽管 A 点的纵坐标要更大一些。

55.舍去曲线的象征意义,应该清楚当函数 $F(x)$ 达到极大值或极小值时,$F'(x)=0$,因为 $F'(x)$ 表示 $F(x)$ 增加的比率,在极大值和极小值处增加的比率为 0。

但相反地,如果我们有 $F'(x)=0$,只是知道对满足这一等式的特定值 x 来说,$F(x)$ 既不增加也不减少。我们不能判断它是极大值点、极小值点或是"变向的驻点"值(即 $F(x)$ 随 x 朝一个方向变化时增加,而随 x 朝另一方向变化时减小)。

56. 现在,只要二阶导数不是零,这些问题都可以通过求助二阶导数解决。

如果二阶导数是正的,函数有极小值;如果是负的,函数有极大值。若能回忆起二阶导数的含义,这一点就很清晰了。它表示斜率的变化率。如果是正的,意味着斜率是递增的;如果是负的,意味着斜率是递减的。

因此,如果某一点的一阶导数或斜率为 0,二阶导数或"曲率"(第 53 条)是正的,我们就知道该点的斜率是递增的。但由于它的当前值为零,它一定是正在从负值变为正值。这显然只能发生在极小值点。相反,如果二阶导数是负的,则表示斜率在变小(因为现在斜率为零），亦即从正值变化为负值。这显然发生在极大值点，而不是其他地方。

因此，以函数 $x^3 - 27x$ 为例。一阶导数是 $3x^2 - 27$，二阶导数是 $6x$。令第一个表达式等于零并且求解，求得 $x = \pm 3$；也就是说，函数 $x^3 - 27x$ 有两个它不再变动的点（或者切线是水平的点），一个点是 x 等于 3，另一个点是 x 等于 -3。第一个点有极小值，第二个点有极大值，因为二阶导数 $6x$ 在 $x = 3$ 处是正值，在 $x = -3$ 处是负值。

57. 在第 56 条中提到一个例外情况（即函数在某处的 x 值使得一阶导数为零，也使得二阶导数为零），实际很少发生这种情况。当它确实发生时，若不借助三阶导数，就不能判断该点函数的性质。如果它是正的，则函数既不在极大值点也不在极小值点，而是在水平拐点处，比如 A 点（图7）。此时，若 x 增加，则无论在该点前还是在该点后，函数都是增加的。另一方面，如果函数在 B 点（图6）的水平拐点处的三阶导数是负的，则函数在到达该点前还是到达后都是减少的。最后，如果它等于零，我们对该函数的性质又陷入茫然未知中，必须求助四阶导数。我们将四阶导数视同二阶导数。如果它仍为零，我们就必须考虑五阶导数，我们将它当作三阶导数应用，等等。

也就是说，只要连续导数结果为零，我们就继续求导，直到发现一个不为零的导数为止。如果这个导数是偶数阶（即 2 阶、4 阶、6 阶等导数），我们知道函数要么是极大值要么是极小值，并且根据所求出导数是负值或正值判断函数是极大值或是极小值。但如果导数在奇数阶（即 3 阶、5 阶等）没有消失为零，我们知道函数既不是极大值也不是极小值，而是在水平拐点处，并根据导数是正

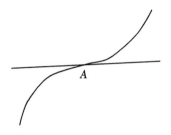

图 7 函数的水平拐点

值或负值而递增或递减。

58. 我们不会在此占用必需的篇幅完整证明上一条（第 57 条）的真实性，而仅仅演示了第一步，如果学生愿意的话，其余部分留给他们扩展证明。

假设在验证函数 $F(x)$ 时，我们发现某个 x 值使得 $F'(x)=0$，也使得 $F''(x)=0$，但 $F'''(x)$ 是正值。则我们用 x_1 表示 x 的这个值，将问题陈述如下：给定

$$F'(x_1)=0$$
$$F''(x_1)=0$$
$$F'''(x_1)>0$$

来揭示 $F(x_1)$ 的性质。

我们通过从 F''' 连续反向推理到 F''、F' 和 F 来解决该问题。

由于 $F'''(x_1)$ 为正，表明 $F''(x)$ 随 x 增加而增加。但因为 $F''(x_1)$ 等于 0，$F''(x)$ 增加的情况表明它在到达 $F''(x_1)$ 点之前是负的而到达后是正的。这就是关于 $F''(x)$ 的结论。

因为 $F''(x)$ 在到达 $F''(x_1)$ 点之前是负的，这就表明 $F'(x)$ 当时是递减的，而 $F''(x)$ 在 $F''(x_1)$ 点之后是正的，所以 $F'(x)$ 当时是递增的。

但是，如果 $F'(x)$ 在 $F'(x_1)$ 处等于 0，并在 $F'(x_1)$ 之前递减在 $F'(x_1)$ 之后递增，那么 $F'(x)$ 在 $F'(x_1)$ 前后都是正的。这是我们得出的关于 $F'(x)$ 的结论。因为 F' 在 $F(x_1)$ 点前后都是正的，表明 $F(x)$ 在此点前后一直是递增的，因此 $F(x_1)$ 不是最大值点，而是一个水平的拐点。

因此,若令:

$$F(x) = x^4 - 6x^2 + 8x + 7$$

那么,

$$F'(x) = 4x^3 - 12x + 8,$$

$$F''(x) = 12x^2 - 12,$$

$$F'''(x) = 24x$$

$F'(x) = 0$ 的根是 1 和 -2。当 $x = 1$ 时,$F''(x)$ 为 0,但 $F'''(x)$ 为正。因此可以得知,随着 x 的增加,F 也就是 $x^4 - 6x^2 + 8x + 7$ 在拐折驻点两边一直是递增的。

但是对于 $x = -2$,$F''(x)$ 是正的,因此对 x 的这个值,F 有最小值。

59. 习题

求(1)至(6)式的最大值与最小值。

(1)x^3

(2)$3x^2 - 27x$

(3)$2x^2 + x + 1$

(4)$x^3 - 12x + 6$

(5)$2x^3 + 6x^2 + 6x + 5$

(6)$x^3 - 2x + 3x^2 - 4$

(7)当 $x = 2$ 时,讨论 $x^4 - 24x^2 + 64x + 10$ 的性质。

(8)当 $x = -1$ 时,讨论 $x^4 + 4x^3 + 6x^2 + 4x + 17$ 的性质。

60. 如果 $F(x)$ 的形式是 $\phi(x) + K$,其中 K 表示任意常数,那么使 $F(x)$ 有最大值或最小值的同样的 x 值,也分别使 $\phi(x)$ 有最大值或最小值。

45    $F(x)$ 和 $\phi(x)$ 关于极大值和极小值的性质唯一地由它们导数的性质决定,而[$\phi(x) + k$ 和 $\phi(x)$]这两个函数的导数是相同的。

因此,下式

$$x^2 + 2(1 + \frac{1}{\sqrt{2}})$$

为了求它达到极大值或极小值的 x 取值,我们可以忽略常数项,只求解使 x^2 达到极大值或极小值的 x 取值。

61. 如果 $F(x)$ 的形式是 $K\phi(x)$,且 K 是一个正的常数,那么使 $F(x)$ 达到极大值或极小值的 x 取值,就分别等于使 $\phi(x)$ 达到极大值或极小值的 x 取值。

如果 $F(x) = K\phi(x)$,其中 K 是一个负的常数,那么使 $F(x)$ 达到极大值或极小值的 x 取值,就分别等于使 $\phi(x)$ 达到极大值或极小值的 x 取值。

对这两个函数($K\phi(x)$ 和 $\phi(x)$)连续求导的结果是:

$$\left.\begin{array}{l} K\phi'(x) \\ K\phi''(x) \\ \cdots \end{array}\right] \quad \text{和} \quad \left[\begin{array}{l} \phi'(x) \\ \phi''(x) \\ \cdots \end{array}\right.$$

并且很明显地,同样的 x 取值使两个一阶导数都等于零;如果 K 为正,将使得两个二阶导数有相同的符号或者均为零;但是如果 K 为负,那么就会使得两个二阶导数有相反的符号或者均为零。同理,三阶导数也是如此。因为就它们的极大值和极小值来说,F 和 ϕ 的性质只取决于它们的导数符号($+,-,$或 0),所以定理得证。

因此,对下式

$$(1 - \frac{1}{\sqrt{2}})(x^2 - x)$$

为了求它达到极大值或极小值的 x 取值,我们可以忽略常数因子(明显为正),只须找出使 $x^2 - x$ 达到极大值或极小值的 x 取值即可。

习题

(1)用几何方法解释第 60 条和第 61 条讲述的定理。

(2) 求 $5(1 + x + x^2) + 10$ 的极大值或极小值。

(3) 求 $-3x(x + 1 + \dfrac{17}{x})$ 极大值或极小值。

(4) 求 $m\left[\dfrac{a(x^2 + bx + c) + e}{h} + k\right]$ 极大值或极小值。

62. 极大值和极小值问题是微积分最重要的科目之一,它在几何学、物理学和经济学中有数不清的应用。

如图 8 所示,ABC 为任意三角形,$EFKH$ 为其内接长方形。这个内接长方形的尺寸大小随其位置发生变化。如果很低很宽,长方形尺寸就很小;如果很高很窄,长方形尺寸也很小。在这两者之间必定有一个使长方形尺寸最大的位置,从而使得其面积达到最大。

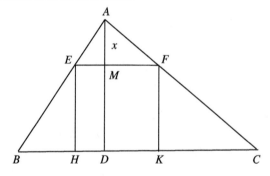

图 8　任意三角形内接长方形的面积

正方形的面积就等于底 KH 或 EF 和高 DM 的乘积,问题是找到使 $EF \cdot DM$ 的积达到最大值的位置。

为此,我们首先将 EF 和 DM 表示成某种变量。在众多可能选项(亦即 BH、BK、AE、FC、EH、HK 等)中,我们选择 AM,将它记为 x;并令 $AD = h$ 且 $BC = a$。显然由此得 $MD = h - x$。为了用 x 表示 EF,可以做如下推理:

三角形 AEF 和三角形 ABC 相似,所以它们的底和高分别是成比例的,也就是说

$$\frac{AM}{AD} = \frac{EF}{BC} \text{ 或者 } \frac{x}{h} = \frac{EF}{a}$$

故有，$EF = \dfrac{ax}{h}$

因此 $EF \times DM = (h - x)\dfrac{ax}{h}$

我们想知道 x 取什么值时这一表达式有最大值，我们可以省略正的常数因子 $\dfrac{a}{h}$，留下：

$(h - x)x$ 或者 $hx - x^2$

该式的一阶导数是 $h - 2x$，令其等于零并求解，得：

$$x = \frac{h}{2}。$$

此即要求解的答案。

因为二阶导数是 -2；亦即是负数，我们确信 $x = h/2$ 的点是极大值，而不是极小值或拐折驻点的值。

因此我们知道，三角形内接长方形的面积最大时，它的高等于三角形高的二分之一。

在物理学中，许多重要的原理都由极大值和极小值决定。决定诸如水池、钟摆、摇椅以及吊桥的平衡的条件是，每种情况下的重心都要放置在可能的最低点。

在经济学中，我们有最大消费者租金原理和垄断条件下的最大利润的原理。

63.习题

(1)一条给定的线段必须怎样分割才能使分割成的两段的乘积达到最大？

(2)制作一个给定容量为 A 的圆柱形容器必须的锡的最小量是多少。高 h 和底部半径 r 之间的是什么关系？

(3)求一个圆锥中最大的内接圆柱体。

答案:圆柱体的高是圆锥高的三分之一

(4)找出半圆形中面积最大的内接长方形。

48

答案:边长分别是 $\sqrt{2}\,r$ 和 $\dfrac{\sqrt{2}}{2}r$

(5)一个给定直径的圆柱体。求高必须为多少时,才能使它的总面积和体积的比值最小。

提示——用高度变量 x 和常数半径 r 表示体积和总面积,然后求使 $\dfrac{\text{总面积}}{\text{体积}}$ 最小时的 x。

(6)如果函数 $pF(p)$ 是连续的,给出使函数达到最大值的 p 值方程式是什么。在所求的方程式中,写出表示 p 值和函数最大值和最小值对应的条件的代数表达式。

(7)对某个给定的个体生产商而言,如果一个物品的价格 p 固定,生产这个物品的成本是生产数量 x 的函数 $F(x)$,那么,他必须生产多少产品时,才能使他的利润 $xp-F(x)$ 达到最大值和最小值?用文字表述结论。$F(x)$ 必须满足什么条件才能使利润可能是最大值而不是最小值?用文字描述这种情形。

(8)从一个边长为 c 的正方形纸板的四个角落切掉四个相同的边长为 x 的正方形,正方形纸板的余边从四周翻起可以做成一个开口的方盒子。求纸箱体积达到最大值时用 c 表示的 x 的取值。

(答案:$\dfrac{c}{6}$)

(9)海岸上两点 B 和 C 之间的距离是 5 英里,一艘船上的人离他最近的岸上的点 B 的距离是 3 英里。假设他每小时可以走 5 英里路,每小时可以划 4 英里,那么他应当在距离 C 多远的地方登陆才能使他到达 C 的时间最短。

(答案:1 英里)

(10)给定一个正圆锥体的斜高为 l,求使圆锥体积达到最大值的圆锥体的高度。

(答案:$\dfrac{l}{3}\sqrt{3}$)

第五章　泰勒定理

64.我们知道,某些函数可以写成变量的幂的形式。因此,$(a+x)^4$ 可以由二项式定理展开为

$$a^4 + 4a^3x + 6a^2x^2 + 4ax^3 + x^4$$

同样,(如果 x 介于 -1 到 $+1$ 之间),通过简单的分组,我们可以证明：

$$\frac{1}{1+x} = 1 - x + x^2 - x^3 + \cdots$$

现在微积分提供了一种比代数更简便和更普遍的方法来展开这种级数函数。

令 $\phi(x)$ 是能以如下形式级数展开的 x 的任意函数：

$$\phi(x) = A + B(x-a) + C(x-a)^2 + D(x-a)^3 + \cdots$$

式中 a、A、B、C 等均为常数,且级数收敛。我们将说明如何只用单个常数 a 来表示 A、B、C 等"未定系数"。

通过连续求导,可以得到[①]

$$\phi'(x) = B + 2C(x-a) + 3D(x-a)^2 + \cdots$$

$$\phi''(x) = + 2C + 2 \cdot 3D(x-a) + \cdots$$

---

① 如果和这里的假设一样,无穷数列项的和收敛,则第 26 条很容易扩展应用到这种数列。

……

50   因为这些等式(和从中推导它们的原等式)对任意 x 的值都成立,所以对$(x-a)$也成立。

因此,上述等式变为:

$\phi(a)=A$,或者 $A=\phi(a)$;

$\phi'(a)=1\cdot B$,或者 $B=\phi'(a)$;

$\phi''(a)=1\cdot 2\cdot C$,或者 $C=\dfrac{\phi''(a)}{2!}$;

$\phi'''(a)=1\cdot 2\cdot 3\cdot D$,或者 $D=\dfrac{\phi'''(a)}{3!}$;

…

式中 2! 表示 1×2,3! 表示 1×2×3,等等。

将 A、B、C、D 等代入原式,有:

$$\phi(x)=\phi(a)+\phi'(a)(x-a)+\phi''(a)\frac{(x-a)^2}{2!}$$

$$+\phi'''(a)\frac{(x-a)^3}{3!}+\cdots$$

65. 这种级数称为"泰勒定理",表述为函数 ϕ 在 x 任意值点的大小可以由函数在该点的值和函数对 x 任意其他值点的导数的值来表示。

因此,如果我们对自 1800 年后美国人口 y 关于时间 x 的函数 $y=\phi(x)$ 能写出一个确切的公式,就可以仅凭 1890 年人口普查数通过泰勒定理估算出 1900 年的人口数 $\phi(x)$。

我们采用 1890 年的人口数 $\phi(a)$ 作为第一个估计值。但是,因为人口数并不是保持不变的,所以我们增加一个微分修正项来表示十年内的增加数。

我们首先假设这个增量是 $(x-a)\phi'(a)$，由 1890 年增加速度 $\phi'(a)$ 乘以两次人口普查的时间间隔 $(x-a)$ 得到。但由于人口的增加速度（这里指每年增加的人口数多少，而不是增长的百分比速度）并非保持不变，我们又在假设已求出的 1890 年人口的增加速度的增速 $\phi''(a)$ 直到 1900 年保持不变的基础上，增加一个微分修正项 $\dfrac{\phi''(a)(x-a)^2}{1\times2}$。我们不能就此满足，还须考虑人口增加速度的增速的增加比率，等等。

66.在几何学上，泰勒定理表述成曲线 $y=\phi(x)$ 的任意一点的纵坐标可以从任意其他点的纵坐标、斜率、曲率等求得。

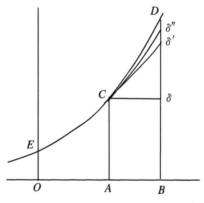

图 9 泰勒定理的几何表示

因此，如图 9 所示，OB 为 x，BD 为 $\phi(x)$；OA 为 a，AC 为 $\phi(a)$。泰勒定理告诉我们，D 点的纵坐标完全可以从曲线 C 点的各种数据求出，亦即它的高度、高度的增加的速率（斜率）、该斜率增加的速率[曲率（第 53 条内容）]以及曲率增加的速率，等等。事实上，泰勒定理说明纵坐标 DB 是各种量值的和：第一项是 $\phi(a)$，由 $B\delta$（等于 AC）表示；第二项是 $(x-a)\phi'(a)$，由 $\delta\delta'$ 表示[因为 $\dfrac{\delta\delta'}{C\delta}$ 是曲线在 C 点的斜率，也就等于 $\phi'(a)$，因此 $\delta\delta'=C\delta\times\phi'(a)$

52　$= (x - a)\phi'(a)]$；第三项是 $\dfrac{(x - a)^2\phi''(a)}{2!}$，由 $\delta'\delta''$ 表示，和在 C 点的主曲

线 CD 有相同的曲率，并始终保持对 x 轴的这个曲率（参见第 53 条内容）；也

就是说，我们通过增加连续的几何校正来趋近 D。δ 是如果曲线上 C 点的纵

坐标保持不变情况下的 D 点的位置（相当于曲线沿 $C\delta$ 路线水平行进）；δ' 是

如果曲线从 C 点开始纵坐标的增加比率，也就是曲线的斜率，保持不变情况

下的 D 点的位置（相当于曲线沿 $C\delta'$ 路线行进）；δ'' 是如果斜率的增加比率，

也就是曲线的曲率，从曲线上 C 点开始保持不变情况下 D 点的位置（相当

于曲线沿 $C\delta''$ 路线行进），等等。

67. 如果用 E 点取代 C 点，那么 $a = 0$，泰勒定理可以化简为：

$$\phi(x) = \phi(0) + \phi'(0)x + \frac{\phi''(0)x^2}{2!} + \frac{\phi'''(0)x^3}{3!} + \cdots$$

这就是麦克劳林定理。

同学们将会观察看到，$\phi(0)$ 本身绝不是零，它不过是 $\phi(x)$ 在令 $x = 0$

时得到的特定值。因此，如果 $\phi(x) = x^3 + 2x^2 + 117$，那么 $\phi(0)$ 为 117。

68. 人们经常遇见的另一种表述泰勒定理的模型，是将横坐标

的差 $x - a$ 表示为 h，然后用 $a + h$ 代替 x（因为 $x - a = h$，所以 x

$= a + h$），于是：

$$\phi(a + h) = \phi(a) + \phi'(a)h + \frac{\phi''(a)h^2}{2!} + \frac{\phi'''(a)h^3}{3!} + \cdots$$

或者，用 x 替代 a 可以得到

$$\phi(x + h) = \phi(x) + \phi'(x)h + \frac{\phi''(x)h^2}{2!} + \frac{\phi'''(x)h^3}{3!} + \cdots$$

其中，x 表示的是 C 的横坐标而不是 D 的横坐标。

有时候同学们也会看到，这个定理的表述形式相同，但用 y 取代了 h 的情形。

69. 泰勒定理在经济学中有大量的应用。古诺在他的《财富理论的数学原理》中频繁使用泰勒定理，而帕累托的《政治经济学教程》（*Cours d' Économie Politique*）也同样如此。

在古诺述及的一些税收情况中，当 h 是很小量时，那么就可以忽略高次幂 h 的项，由此得到近似的公式是：

$$\phi(x + h) = \phi(x) + h\phi'(x)$$

上式假设若 AB 区间距离很小，点 δ' 和点 D 趋近重合。

70. 可以观察到，泰勒定理的证明存在漏洞。也就是说，不是任何时候都可以把 $\phi(x)$ 展开成定理中的级数形式，这样做的努力只会得到一个发散级数或不定级数。

要想在像本小册子一样的基础教程中阐明泰勒定理可应用于哪些情况是不可能的。这一课题难度极大，有关它的许多最重要结论都是最近发现的。

71. 为了说明泰勒定理和麦克劳伦定理的应用，我们假定 $(a + x)^n$ 可以展开为级数形式，用泰勒定理和麦克劳伦定理将之展开：

因为

$$\phi(x) = (a + x)^n$$

$$\phi'(x) = n(a+x)^{n-1}$$

$$\phi''(x) = n(n-1)(a+x)^{n-2}$$

...

54　所以

$$\phi(0) = a^n,$$

$$\phi'(0) = na^{n-1},$$

$$\phi''(0) = n(n-1)a^{n-2}$$

因此

$$\phi(x) = \phi(0) + \phi'(0)x + \frac{\phi''(0)x^2}{2!} + \cdots$$

$$= a^n + na^{n-1}x + \frac{n(n-1)a^{n-2}x^2}{2!} + \cdots$$

我们已经从二项式定理知道以上结果。

接下来,假定 $\sin x$ 可以展开为级数形式,我们用泰勒定理将之展开,因为

$$\phi(x) = \sin x \qquad\qquad \phi(0) = 0$$

$$\phi'(x) = \cos x \qquad\qquad \phi'(0) = 1$$

$$\phi''(x) = -\sin x \qquad\qquad \phi''(0) = 0$$

$$\phi'''(x) = -\cos x \qquad\qquad \phi'''(0) = -1$$

因此,$\phi(x) = \phi(0) + \phi'(0)x + \dfrac{\phi''(0)x^2}{2!} + \dfrac{\phi'''(0)x^3}{3!} + \cdots$

$$= 0 + x + 0 - \frac{x^3}{3!} + \cdots$$

$$= x - \frac{x^3}{3!} + \frac{x^5}{5!} - \frac{x^7}{7!} + \cdots$$

现在再以 $\dfrac{1}{x-a+1}$ 为例

因为,$\phi(x) = \dfrac{1}{x-a+1}$, $\qquad\qquad\qquad \phi(a) = 1$;

$$\phi'(x) = -(x-a+1)^{-2}, \qquad\qquad \phi'(a) = -1$$

$$\phi''(x) = 2(x-a+1)^{-3}, \qquad\qquad \phi''(a) = 2$$
$$\phi'''(x) = -2\times3(x-a+1)^{-4}, \qquad \phi'''(a) = -3!$$
……

因此,按照泰勒定理,有:

$$\phi(x) = 1 - (x-a) + \frac{2(x-a)^2}{2!} - \frac{3!(x-a)^3}{3!} + \cdots$$

72.在泰勒定理和麦克劳林定理的许多其他重要应用中,还有对基本常数 e 和 π 的估算。

为了得到 e,我们展开函数 e^x

$$\phi(x) = e^x, \qquad \phi(0) = 1;$$
$$\phi'(x) = e^x, \qquad \phi'(0) = 1;$$
$$\phi''(x) = e^x, \qquad \phi''(0) = 1;$$
……

因为,$\phi(x) = \phi(0) + \phi'(0)x + \dfrac{\phi''(0)x^2}{2} + \dfrac{\phi'''(0)x^3}{3!} + \cdots$

所以,$e^x = 1 + x + \dfrac{x^2}{2} + \dfrac{x^3}{3!} + \cdots$

如果令上式中的 $x = 1$,我们有

$$e = 1 + 1 + \frac{1}{2} + \frac{1}{3!} + \frac{1}{4!} + \cdots$$

从上式中可以将 e 的值计算到任何需要的近似程度,并得出 $e = 271828\cdots$

为了求得 π,将 $\arctan x$ 展开为级数

$$\phi(x) = \arctan x, \qquad \phi(0) = 0$$
$$\phi'(x) = \frac{1}{1+x^2}, \qquad \phi'(0) = 1$$

如果 x 小于 1,则由代数可知[①]

$$\phi'(x) = \frac{1}{1+x^2} = 1 - x^2 + x^4 - x^6 + \cdots$$

因此有,

①　无须证明,此处假定满足正常的收敛条件。

$$\phi''(x) = -2x + 4x^3 - 6x^5 + \cdots \qquad \phi''(0) = 0$$

$$\phi'''(x) = -2 + 3 \cdot 4x^3 - 5 \cdot 6x^5 + \cdots \qquad \phi'''(0) = -2$$

$$\phi^{iv}(x) = 2 \cdot 3 \cdot 4x - 4 \cdot 5 \cdot 6x^3 + \cdots \qquad \phi^{iv}(0) = 0$$

$$\phi^{v}(x) = 2 \cdot 3 \cdot 4 - 3 \cdot 4 \cdot 5 \cdot 6x^2 + \cdots \qquad \phi^{v}(0) = +4!$$

...

$$\phi(x) = \phi(0) + \phi'(0)x + \frac{\phi''(0)x^2}{2} + \frac{\phi'''(0)x^3}{3!} + \cdots$$

$$\arctan x = 0 + x + 0 + \frac{-2x^3}{3!} + 0 + \frac{4!\ x^5}{5!} + \cdots$$

$$= x - \frac{x^3}{3} + \frac{x^5}{5} - \frac{x^7}{7} + \cdots$$

56 　令 x 等于 $\dfrac{1}{\sqrt{3}}$，那么 $\arctan x$ 就是 $\dfrac{\pi}{6}$（亦即 30 度的弧），它的正切是 $\dfrac{1}{\sqrt{3}}$。那么上面的等式就变为

$$\frac{\pi}{6} = \frac{1}{\sqrt{3}} - \frac{1}{3\ (\sqrt{3})^3} + \frac{1}{5\ (\sqrt{3})^5} - \cdots$$

$$= \frac{1}{\sqrt{3}}\Big[1 - \frac{1}{3 \times 3} + \frac{1}{5 \times 3^2} - \frac{1}{7 \times 3^3} + \cdots\Big]$$

由此得：$\pi = 2\sqrt{3}\Big[1 - \dfrac{1}{3 \times 3} + \dfrac{1}{5 \times 3^2} - \dfrac{1}{7 \times 3^3} + \cdots\Big]$

$$= 3.14159\cdots$$

73.习题

将下列各式展开为级数

(1)将 $(a - x)^{-2}$ 展开为 x 的升序幂级数

(2) $\sqrt{a - x}$

(3) $\cos x$ 　　　　　（答案：$1 - \dfrac{x^2}{2!} + \dfrac{x^4}{4!} - \dfrac{x^6}{6!} + \dfrac{x^8}{8!} + \cdots$）

(4) $\log(1 + x)$

(5) a^{b+x}

(6) e^{3x} 　　　　　（答案：$1 + 3x + \dfrac{9x^2}{2!} + \dfrac{27x^3}{3!}$）

(7) $\dfrac{1}{2}(e^x - e^{-x})$

(8) $\arcsin x$ （答案： $x + \dfrac{1}{2} \cdot \dfrac{x^3}{3} + \dfrac{1}{2} \cdot \dfrac{3}{4} \cdot \dfrac{x^5}{5} + \dfrac{1}{2} \cdot \dfrac{3}{4} \cdot \dfrac{5}{6} \cdot \dfrac{x^7}{7} + \cdots$ ）

(9) $\cos^2 x$

(10) $e^x \sec x$

(11) $\log(1 + \sin x)$ 　　（答案： $x - \dfrac{x^2}{2} + \dfrac{x^3}{6} - \dfrac{x^4}{12} + \cdots$ ）

(12) $\arctan x$

(13) $\cos(x + y)$ 　　（答案： $\cos x - y\sin x - \dfrac{y^2}{2!}\cos x + \dfrac{y^3}{3}\sin x + \cdots$ ）

(14) $\tan(x + y)$

（答案： $\tan x + y\sec^2 x + y^2 \sec^2 x\tan x + \dfrac{y^3}{3}\sec^2 x(1 + 3\tan^2 x) + \cdots$ ）

第六章　积分

74.到现在为止，我们一直忙于从 F 推导它的导数 F' 和 F'' 等，但这个过程也可以反向推导，即给出 F''' 或者其他导数，就能反向得到 F''，F' 和 F。

$F'(x)$ 被称作是 $F(x)$ 的导数；现在我们将 $F(x)$ 命名为 $F'(x)$ 的原函数。从 F 推导 F' 的第一个过程，是前面各章讨论的微分主题，而从 F' 推导 F 的过程则是积分主题。

75.在求微分时，我们将微分的结果表示成导数 $F'(x)$ 或者微分 $F'(x)dx$。在积分中通常习惯只用后一形式。我们称 $F'(x)dx$ 是 $F(x)$ 的微分，现在就称 $F(x)$ 是 $F'(x)dx$ 的积分。我们通过对 $F(x)$ 求微分得到 $F'(x)dx$，而通过对 $F'(x)dx$ 求积分得到 $F(x)$。微分的符号是 d，积分的符号是 $\int$。

已知 $d(x^2) = 2xdx$，我们可以写成 $\int 2xdx = x^2$

或者同理，因为

$$dF(x) = F'(x)dx$$

用更一般的形式表示微分的过程，所以 $\int F'(x)dx = F(x)$ 表示了积分过程。这两个等式是从两个相反的方向观察同一事实。前一个等式可以读为"$F'(x)dx$"是 $F(x)$ 的微分；而后一个等式可以读为"$F(x)$ 是微分 $F'(x)dx$ 的原函数"，连字符词语的意思"…的积分"：

上面等式最简单的形式是 $\int dx = x$。

76. 符号 $\int$ 原本是一个拉长的 S，也就是表示"…之和"的老符号（今天，通常用希腊字母 $\sum$ 表示）。积分被看作是求和。dy 是 Δy 的极限，同时 Δy 表示 y 的一个极小量，因此 dy 被看作是 y 的一个极微小量。y 被认为是由无穷数量的 dy 组成的。

77. 因为 $d(x^3) = 3x^2 dx$，因此可知 $\int 3x^2 dx = x^3$。

但是，$d(x^3 + 5) = 3x^2 dx$，故 $\int 3x^2 dx = x^3 + 5$，

也就是说，$3x^2 dx$ 的积分（或者原函数）可以是 $3x^2$ 或者 $x^3 + 5$，也可能是 $x^3 + 17$ 或者 $x^3 +$ 任意常数。更一般的，$\int F'(x)dx = F(x) + C$，式中 C 为任意常数，因为后一表达式的微分即为前者（第 27 条内容）。

因此，对微分求积分后，为得到完整的积分，必须给积分结果加一个任意常数（通常用 C 表示）。

59

78. 对应第一章讲述的微分的一般方法，不存在已知的积分的一般方法。求一个已知函数的原函数的唯一方法，就是我们先前

知道什么函数经微分后可得到该已知函数。

79．如果 $n \neq -1$，则 $\int ax^n dx = \dfrac{ax^{n+1}}{n+1} + C$。因为如果 $n+1 \neq 0$，亦即 $n \neq -1$，则 $\dfrac{ax^{n+1}}{n+1} + C$ 的微分明显是 $ax^n dx$。

因此，最简单的代数函数积分的法则就是，指数加 1，并用增加后的指数去除系数，当然最后还有加上一个任意常数 C。

因此，$\int 2x^2 dx$ 的积分是 $\dfrac{2x^3}{3} + C$。

80．习题

求下列积分

(1) $\displaystyle\int 2x dx$

(2) $\displaystyle\int 5x^4 dx$

(3) $\displaystyle\int 3x^5 dx$　　　　（答案：$\dfrac{1}{2} x^6 + C$）

(4) $\displaystyle\int \dfrac{x}{2} dx$

(5) $\displaystyle\int x^{-2} dx$

(6) $\displaystyle\int \dfrac{dx}{x^3}$　　　　（答案：$-\dfrac{1}{2} x^{-2} + C$）

(7) $\displaystyle\int \dfrac{4dx}{x^4}$

81．初看起来，积分结果中包含的任意常数似乎没有什么用处。但事实远非如此。尽管我们无法从给定的微分求出任意常数,但在一些特定的问题中,有些其他来源的信息将使我们能够确定任意常数的值,但正如我们看到的,通常我们根本不需要确定它的值。我们可以通过绘制方程 $y = F(x) + C$ 的几何图形来解释常数 C。求 $F'(x)dx$ 或 $F'(x)$ 也就是求曲线在任意 x 值点上的斜率。但显而易见,曲线的斜率不决定曲线;因为,如果曲线在保持形状不变情况下上升或下移,则相同 x 值对应的斜率完全相同。常数 C 的值和曲线的垂直位置有关,而和它的形状无关。

82.按照本书介绍微积分计算采用的计划,我们先考虑微积分在机械力学或几何学上的应用,可能比较有利。

前已解释,一个物体降落的距离和时间遵循的规律是:

$$s = 16t^2 \tag{1}$$

我们可以证明,降落物体在任意时间点的速度是

$$\frac{ds}{dt} = 32t \tag{2}$$

不过,假如我们只知道降落物体根据定律(2)获得速度,那么能否反向推导出规律(1)呢? 前面说过,求积分通常先从微分形式开始。因此,可将(2)式改写成:

$$ds = 32tdt$$

求该式积分,我们有

$$s = \int 32tdt = \frac{32t^2}{2} + C = 16t^2 + C \tag{3}$$

现在,尽管我们从之开始回溯的等式(2)并不能让我们判断 C 值的大小,但我们可以通过外部数据来估计 C 的值。

因此,如果我们知道 s 是从物体开始降落的点度量的降落距

离,并知道当 $t=0$ 时,也一定有 $s=0$.

将 $s=0$ 和 $t=0$ 代入(3)式,有:

$0=0+C$,即 $C=0$

将 C 的值代入(3)式后,等式就有了确定的形式 $s=16t^2$。

83. 当然,C 并不总是为零。实际上,在上面例子中,我们可以不从落体降落的起点开始计算它的距离 s,而是从 27 英尺的点开始计算。那么我们知道:

当 $t=0$ 时,有 $s=27$。

将它们代入(3)式,有:

$27=0+C$,或者 $C=27$,

从而(3)式变成 $s=16t^2+27$。

很明显,C 值的大小唯一地取决于我们开始计算 s 的初始点。

84. 同样,如果我们知道一条曲线的斜率 $\dfrac{dy}{dx}$ 和它的横坐标,那么除了决定曲线垂直位置的任意常数外,我们就能求出曲线的方程式。这个例子是对第 12 条用几何解释的微分运算的真正逆运算。但为了解释积分计算,我们更乐意采用另一个几何学的例子。

85. 如图 10 所示,假设我们有 $y=f(x)$ 函数的图像。令 x 有一个增量 Δx,亦即 AE 或 BK,我们不考察 y 由此导致的增量,而考察由此导致的 $OABC$ 面积的增量或 z 的增量。

这个面积的增量 Δz 显然就是 $ABDE$ 的面积。这个小面积是长方形 $ABKE$ 面积和小三角形 BDK 面积之和。长方形的面积就等于它的底 Δx 和高 $f(x)$ 的乘积。因此:

62

$$\Delta z = f(x)\Delta x + BDK \qquad\qquad (1)$$

很明显,当 Δx 越小时,BDK 的面积相对于小长方形也就越小,直到最后可以忽略,由此得到一个重要的公式:

$$dz = f(x)\,dx \qquad\qquad (2)$$

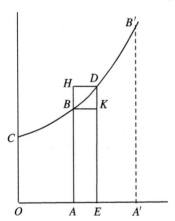

图 10　函数积分的几何表示

当然,这可不只是一个近似值,而是一个绝对精确的值。

上面的推理可以用如下省略的形式理解:

将(1)两边除以 Δx,得

$$\frac{\Delta z}{\Delta x} = f(x) + \frac{BDK}{\Delta x} \qquad\qquad (3)$$

现在,$\dfrac{三角形\ BDK}{\Delta x}$ 小于 $\dfrac{长方形\ HDKB}{\Delta x}$,亦即小于 $\dfrac{长方形\ HDKB}{BK}$[①]

但是长方形的面积除以它的底就等于它的高,在这里就是 DK。因此

①　原文是 $\dfrac{rectHK}{\Delta x}$,亦即小于 $\dfrac{rectHK}{BK}$,原作者为简洁省去了全拼名称。——译者注

(3)式可以写成：

$$\frac{\Delta z}{\Delta x} = f(x) + \text{小于 } DK \text{ 的某个值}$$

显然，当 Δx 变成零，DK 也变成零，那么"小于 DK 的数也变成了零"，于是等式就变为：

$$\frac{dz}{dx} = f(x)$$

也可以写成：

$$dz = f(x)\,dx$$

这个等式通常写为：

$$dz = y\,dx \text{ 或者 } z = \int y\,dx$$

其中 y 通常被用作表示 $f(x)$ 的符号，也就是曲线的纵坐标。

86. 假定 y 或 $f(x)$ 为 $3x^2 + 5$，亦即令曲线的方程式为：

$$y = 3x^2 + 5$$

积分能让我们以横坐标 x 表示面积 z。我们知道：

$$dz = (3x^2 + 5)\,dx$$

$$z = \int (3x^2 + 5)\,dx$$

$$z = x^3 + 5x + C \qquad\qquad (1)$$

同学们可以检验积分结果的正确性，方法是通过求上式的微分就能得到 $(3x^2 + 5)\,dx$。

C 的值有待确定。因为我们的目标是从 y 轴测量面积 z，很明显，当 x 消没为零时，z 也消没为零。将都等于零的 x 和 z 代入 (1) 式，我们得到 $C = 0$。（如果我们从其他纵轴而不是从 y 轴来测量面积，将会有不同的 C 值。）因此 (1) 式就变成 $z = x^3 + 5x$。

因此,若 $x=3$,则 $z=42$。也就是说,曲线 $y=3x^2+5$ 在两个坐标轴和距离 y 轴3个单位的垂线之间围成的面积为42个单位。如果长度单位为英寸,那么面积单位就为平方英寸。

87.现在,我们可以比第76条更清楚地明白,为什么积分首先被视为求和。面积 z 显然是很多 Δz 的和,在极限处就被视为无限小数 dz 的和。

dz 可以被看作无限窄的基本条的面积,作为 $ABDE$ 的极限。

88.求曲线构成的面积问题是积分最早和最重要的应用之一。在发现这一数学分支以前,只有极少数的几个曲线的面积可以这样计算,比如圆与抛物线。

89.我们在此关注的主要是曲线构成面积的几何学象征意义。我们已经知道,曲线的斜率就是它的纵坐标对横坐标的导数。现在我们发现,纵坐标最终是曲线面积对横坐标的导数。因为 $dz=ydx$ 的意思不过是:

$$\frac{dz}{dx}=y$$

如果我们绘制任何函数及其导数的图像,我们可以分别用曲线的纵坐标 y 或者它的面积表示函数,而用斜率或者纵坐标表示导数。

倘若我们最关注函数,那么通常采用前种方法(用纵坐标表示函数);如果最关注导数,就采用后一种方法(用纵坐标表示导数)。也就是说,我们通常喜欢用纵坐标来表示所考察的主要变量。

杰文斯(Jevons)在它撰写的《政治经济学理论》(*Theory of*

Political Economy）专著中采用横坐标 x 表示商品，面积 z 表示总效用，所以曲线的纵坐标 y 就表示"边际效用"（也就是总效用对商品消费量的导数）。另一方面，阿乌斯皮茨（Auspitz）和李本（Lieben）在他们合著的《价格理论研究》（*Untersuchungen über die Theorie des Preises*）中，用纵坐标表示总效用，用曲线的斜率表示边际效用。

90. 积分方法不仅使我们能求出所描述的特定曲线的面积，并且能求出两个极限之间的面积，如图 10 中的 AB 和 $A'B'$。显而易见，这个面积是 $OA'B'C$ 的面积和 $OABC$ 的面积之差。第一个面积是 $\displaystyle\int f(x)\,dx$ 的值，是在求积分时当 x 取值为 OA'（或 x_2）的得数；第二个面积是用相同积分公式在 $x = OA$（或者 x_1）时求出的得数。这种面积差可以表示为如下形式：

$$\int_{x=x_1}^{x=x_2} f(x)\,dx$$

上式被称作有界积分，或者定积分。[①]

称它为定积分的理由是它不包含任意常数，因为任意常数在所考察的两个积分一个减去另一个时消失。

因此，如果 $\displaystyle\int f(x)\,dx = F(x) + C$，则 $\displaystyle\int_{x=x_1}^{x=x_2} f(x)\,dx$ 的意思就是：

$$(F(x_2) + C) - (F(x_1) + C),$$

---

① "Integral between limits or definite Integral"译为：有界积分，或者定积分。

上式可以简化为 $F(x_2)-F(x_1)$,因为 C 在两次积分中一定是相等的。

曲线 $3x^2+5$,x 轴和两条垂线 $x=2$ 与 $x=4$ 围成的区域面积等于

$$\int_{x=2}^{x=4}(3x^2+5)\,dx=[x^3+5x+C]_{x=4}-[x^3+5x+C]_{x=2}=66$$

因为对每一个表达式来说,不管是什么纵轴,面积都是从相同的纵轴算起,所以 C 被抵消了。

通常将求积分公式中的界限表达式缩写。

因此,我们不用 $\int_{x=2}^{x=4}f(x)\,dx$,而将它写成 $\int_2^4 f(x)\,dx$ 。

91. 和第二章介绍的一般求导定理对应,也有几个一般积分定理。这其中最重要的两个就是:

$$\int Kf(x)\,dx=K\int f(x)\,dx$$

和 $\int[f_1(x)\pm f_2(x)\pm\cdots]\,dx$

$$=\int f_1(x)\,dx\pm\int f_2(x)\,dx\pm\int f_3(x)\,dx\pm\cdots$$

第一个公式的证明十分简单,因为按积分公式,上式右边的积分就等于 $K(F(x)+C)$,也就是 $KF(x)+KC$ 或者 $KF(x)+C'$,其中 $F(x)$ 是 $f(x)$ 的原函数,C' 表示任意常数。但是 C' 也可以写成是 C,因为它可以取任意值。

等式左边的积分是 $KF(x)+C$;因为对它进行微分就是 $Kf(x)\,dx$。

第二个公式的证明也很简单。如果我们用 $F_1(x)$,$F_2(x)$,$\cdots$,表示 $f_1(x)$,$f_2(x)$,$\cdots$ 的原函数,则显然公式右边的积分就是:

67

$F_1(x) + C_1 \pm F_2(x) + C_2 \pm F_3(x) + C_3 \pm \cdots$

或者 $F_1(x) \pm F_2(x) \pm F_3(x) \pm \cdots + C$ (1)

其中 C 就等于 $C_1 + C_2 + C_3$，因此也是一个任意常数。

公式左边的积分等于(1)，因为根据第 26 条(1)的微分为：

$d(F_1(x) \pm F_2(x) \cdots + C) = dF_1(x) \pm dF_2(x) \cdots$

$$= f_1(x)dx \pm f_2(x)dx \cdots = (f_1(x) \pm f_2(x) \cdots)dx$$

92.习题

(1)求积分 $(1 + a + b)x^2 dx$

(2)求积分 $x^2 dx + 7x^3 dx + 5x^5 dx$

(3)求积分 $(h + 2)\{cx^4 dx + kx^6 dx\}$

(4)假设一个物体的速度按照公式 $\dfrac{ds}{dt} = 3t^2$ 随时间增加，求经过距离的表达式。

(5)求物体在 $t = 3$ 秒和 $t = 5$ 秒的两个片刻之间移动的距离？

(6) 求公式为 $y = 5x^2 + 2$ 的曲线的面积表达式(和图 10 中的面积 z 对应)。

(7)在 $x = 1$ 的点该面积的值是多少？ 在 $x = 3$ 的点呢？ 在 $y = 22$ 的点呢？

(8)曲线、x 轴和在 $x = 2$ 与 $x = 4$ 点的两条垂线之间围成的面积是多少？

(9)分别求 $y = x^3 + 14$，$y = x^2$ 和 $y = 4ax$ 面积表达式。

(10)分别求 $y = a^x$，$y = \log(x + 5)$，$y = \sin x$ 曲线的面积 z 的表达式。

93.既然我们可以连续求微分，那么我们也可以连续求积分。

如果我们求 $\displaystyle\int f(x)dx$ 积分，得 $f_1(x)$，

我们也可以求 $\displaystyle\int f_1(x)dx$ 积分，得 $f_2(x)$，

然后,再求 $\int f_2(x)\,dx$ 的积分,得 $f_3(x)$,

等等,依此类推。

在上述求积分的积分时,我们不写成 $\int f_1(x)\,dx$,而是用

$\int f(x)\,dx$ 代替 $f_1(x)$,由此得到:

$$\int \left[\int f(x)\,dx\right]dx$$

不过,上式通常缩写成 $\iint f(x)\,dxdx$,甚至写成 $\iint f(x)\,dx^2$ 。

同理,我们也可以将积分写成 $\iiint f(x)\,dxdxdx$,或者

$\iiint f(x)\,dx^3$ 等。

由此我们也可以表示二重、三重、多重等有界积分。二重定积

分的完整形式是:

$$\int_{x=a}^{x=b}\left[\int_{x=h}^{x=k}f(x)\,dx\right]dx$$

不过,上式也可以化简为:

$$\int_a^b\int_h^k f(x)\,dx^2 。$$

94.我们再次用这些思想分析前面举过的落体例子。假设我们一开始 69

知道的不是 $s = 16t^2$,也不是 $\dfrac{ds}{dt} = 32t$,而是 $\dfrac{d^2s}{dt^2} = 32$;也就是说,我们只知

道物体的加速度是一个给定的常数(即 32velos/s),或者更一般地,我们将这

个常数记为 g。

则给定的公式是 $\dfrac{d^2s}{dt^2} = g$，我们知道，该式的意思是 $\dfrac{d(\dfrac{ds}{dt})}{dt} = g$，或者

$d(\dfrac{ds}{dt}) = gdt$，

由此积分得，$\dfrac{ds}{dt} = gt + C$ (1)

但上式也可以写成 $ds = gtdt + Cdt$

由此再次积分，$s = \dfrac{1}{2}gt^2 + Ct + K$ (2)

我们还需要确定任意常数 C 和 K 的值。如果距离 s 是从始点算起，那么 s 和 t 在开始瞬间都为零。将 s 和 t 均为零代入公式(2)，我们得到

$K = 0$。

还剩下 C 需要确定。

为此我们回到公式(1)，假设物体并不是从静止降落，而是从每秒 u 英尺的初始速度降落；那么当 $t = 0$ 为零时，$\dfrac{ds}{dt}$ 为 u，

此时公式(1)可以化简成：

$u = 0 + C$，或者 $C = u$。

将 $C = u$ 和 $K = 0$ 代入(2)式，我们得到：

$s = \dfrac{1}{2}gt^2 + ut$

上式就是落体的一般公式。

95. 从上面公式 $\dfrac{d^2s}{dt^2} = g$ 推导的过程细节可以简化为如下形式：

$s = \iint d^2s$

$\quad = \iint gdt^2$

$\quad = \int (gt + C)dt$

$\quad = \dfrac{1}{2}gt^2 + Ct + K$

96.简单的超越函数的积分由如下公式求出：　　　　70

因为 $d(\sin x) = \cos x dx$ ，

所以 $\int \cos x dx = \sin x + C$ 。

因为 $d(\cos x) = -\sin x dx$ ，

所以 $\int -\sin x dx = \cos x + C$ 。

由此 $\int \sin(x)dx = -\cos x - C = -\cos x + C$ ，因为 C 是完全任意常数。

因为 $d(a^x) = a^x \ln a dx$ ，

所以 $\int a^x \ln a dx = a^x + C$ ，①

故此有：$\int a^x dx = \dfrac{a^x \ln e}{\ln a} + C$ ，也就是 $\int a^x dx = \dfrac{a^x}{\ln a} + C$ ②

因为 $d\arcsin x = \dfrac{dx}{\sqrt{1 - x^2}}$ ，

所以 $\int \dfrac{dx}{\sqrt{1 - x^2}} = \arcsin x + C$ 。

因为 $d\arctan x = \dfrac{dx}{1 + x^2}$ ，

所以 $\int \dfrac{dx}{1 + x^2} = \arctan x + C$ 。

因为 $d\ln x = \dfrac{dx}{x}$ ，

所以 $\int \dfrac{dx}{x} = \ln x + C = \ln x + \ln K = \ln(Kx)$ ，式中的 C 和 K 为任意常数。③

---

① 原文是：因为 $d(a^x) = \dfrac{a^x Log a dx}{Log e}$ ，所以 $\int \dfrac{a^x Log a dx}{Log e} = a^x + C$ 。——译者注

② 原文是：故此 $\int a^x dx = \dfrac{a^x Log e}{Log a} + C$ ，也就是 $\int a^x dx = \dfrac{a^x}{Log a} + C$ 。——译者注

③ 原文是：因为 $d\log x = \dfrac{dx}{x}$ ，所以 $\int \dfrac{dx}{x} = \log x + C = \log x + \log K = \log(Kx)$ ，式中的 C 和 K 为任意常数。——译者注

97.可以将已知的积分公式整理如下：

$$\int adx = ax + C ,$$

$$\int ax^n dx = \frac{ax^{n+1}}{n+1} + C（当\ n \neq -1\ 时成立），$$

$$\int ax^{-1} dx = a\ln x + C ,^{①}$$

$$\int ka^x dx = \frac{ka^x \ln e}{\ln} + C$$

$$= \frac{ka^x}{\ln a} + C\ ^{②}。$$

71

$$\int e^x dx = e^x + C ,$$

$$\int \frac{dx}{1+x^2} = \arctan x + C ,$$

$$\int \frac{dx}{\sqrt{1-x^2}} = \arcsin x + C ,$$

$$\int \sin x dx = -\cos x + C ,$$

$$\int \cos x dx = \sin x + C 。$$

98.关于求积分的论述通常都很复杂繁琐,因为求解包括定积分和不定积分的特殊积分的过程,以及确定求解它们的特殊方法都会占用大量的篇幅。本书着重讲述最常用与最基本的原理,就此结束我们的讨论也顺理成

---

① 　原文是：$\int ax^{-1} dx = a\log x + C$。——译者注

② 　原文是：$\int ka^x dx = \frac{ka^x Log e}{Log a} + C = \frac{ka^x}{\log a} + C$。——译者注

章。实际上，即使学习微积分的高年级学生也常常查阅积分表解题。建议读者使用皮尔斯(B.O. Pierce)编写的"积分简表"。比较完整的积分表要用四开大的册子缮制，但绝对完整的积分表是不存在的，因为迄今还有许多积分尚未解出。

99.不过，我们可以指出读者应该已经掌握的另一个积分方法。

假定我们要积分的是

$x(x^2 + 2)^3 dx$

则显然可以将该式改写成如下形式

$(x^2 + 2)^3 x dx$ ，

或者 $\frac{1}{2}(x^2 + 2)^3 \cdot 2x dx$ ，

或者 $\frac{1}{2}(x^2 + 2)^3 dx^2$ ，

或者 $\frac{1}{2}(x^2 + 2)^3 d(x^2 + 2)$ ，

上述最后一种形式就很容易积分了。

令 $u = x^2 + 2$，我们可以得到：

$\frac{1}{2}u^3 du$ ，其积分为：

$\frac{u^4}{8} + C$，也就是 $\frac{(x^2 + 2)^4}{8} + C$。

这种方法包含积分代换(changing the variables)，整个表达式以替换变量 u 表示，消掉 dx，求解替换变量 u 的微分，再由此写出完整的积分表达式。

72

100.习题

求下列各式积分

(1) $\int x^{\frac{1}{2}}\,dx$

(2) $\int \sqrt[3]{x}\,dx$

(3) $\int \frac{a\,dx}{x^3}\,dx$　　　　　　（答案：$-\dfrac{a}{2x^2}$）

(4) $\int \frac{dx}{(a-x)^5}\,dx$

(5) $\int \frac{4x\,dx}{(1-x^2)^2}\,dx$

(6) $\int \frac{x^8\,dx}{\sqrt{a^9+bx^9}}\,dx$

　　　（答案：$\dfrac{2}{9b}\sqrt{a^9+bx^9}$）

(7) $\int \frac{dx}{a+x}\,dx$

(8) $\int \frac{2bx\,dx}{a-bx^2}$

(9) $\int (a+3x^2)\,dx$

　　　（答案：$a^3x+3a^2x^3+\dfrac{27}{5}ax^5+\dfrac{27}{7}x^7$）

(10) $\int \frac{-2\,dx}{\sqrt{4-x^2}}$

附录　多元函数

101.　到现在为止,我们分析的是只有一个变量的各种函数,譬如 $x^2 + 2x + 3$。但 $x^2 + 2xy + 3y^2$ 式子的值,就取决于 x 和 y 两个变量,因为它是 x 和 y 的函数。

关系式 $z = x^2 + 2xy + 3y^2$ 或者说 $z = F(x, y)$ 表明,z 是 x 和 y 的函数,x 或者 y 的变化将导致 z 的变化。

因此,航行帆船的速度就是风的强度和帆与风夹角的函数。

产生潮汐的引力是地球与月球之间距离和地球与太阳之间距离的函数。

股票价格是股利率和利息率的函数。

同样,$w = F(x, y, z)$ 表示,w 的值是由 x、y 和 z 决定的。以此类推,函数的值也可以由任意多个变量决定。

因此,引导月球转动的力是月球距地球的距离,月球距太阳的距离和这两个距离方向之间角度的函数。

一张土耳其地毯的价格是合成物的价格,交通运输费和关税率等的函数。

所以,对于函数 $w = F(x, y, z)$,如果一些特殊问题的条件规定 z 保持不变,那么函数就可以写成 $w = \phi(x, y)$;如果也要求 y 固定不变,函数就可以写成 $w = \psi(x)$。

因此,在风的强度保持不变的情况下,帆船航行中的速度就是它的航向与风之间的角度的函数。

如果劳动力成本等保持恒定,那么毛纺织品的价格就是羊毛价格的函数。

102. 因为方程式的各项可以变换,所以总可以把所有的项都移到等式左边,使右边等于零。等式 $y = \sqrt{x^2 + 1}$ 等同于 $y^2 - x^2 - 1 = 0$。现在,等式左边的式子就是 x 和 y 的函数。显然,一般来说,两个变量之间的任何关系 $y = F(x)$ 都可以化简到 $\phi(x, y) = 0$ 的形式。在前一个表达式中 y 被称为 x 的显函数;在后一个表达式中 y 被称为 z 的隐函数。

同样地,$z = F(x, y)$ 之间的关系可以化简为 $\phi(x, y, z) = 0$ 的形式;$w = F(x, y, z)$ 之间的管科可以写成 $\phi(x, y, z, w) = 0$,以此类推。

103. 我们知道,$\phi(x, y) = 0$ 或者 $y = F(x)$ 总可以用以 x 和 y 为两条坐标轴的曲线表示。因此,$\phi(x, y, z) = 0$ 或者 $z = F(x, y)$ 也总可以用以 x、y 和 z 为三条坐标轴的曲面表示。

画出三条两两互成直角的坐标轴,就像一间房屋的三个边在地表的一个角相交,譬如 x 轴向东,y 轴向北,而 z 轴向上。

为了说明 $z = x^2 + 2xy + 3y^2$,令 $x = 2$,$y = 1$,那么有

$z = 2^2 + 2 \times 2 \times 1 + 3 \times 1^2 = 11$。

在房屋找到一个点,东距房角 2 个单位,北距房角 1 个单位和上距房角 11 个单位。这是所求曲面上的一个点。通过对 x 和 y 取所有可能值的组合,求出结果 z 的值,就能找到曲面上所有的点。

104. 当 $z = F(x, y)$,令 x 变化 Δx,同时 y 保持不变,由此得到的 z 的增量表示为 Δz。那么 Δz 与 Δx 的临界比率就表示为:

$$\frac{\partial z}{\partial x} \text{ 或 } \frac{\partial F(x, y)}{\partial x},$$

称为 $F(x, y)$ 对 x 的偏导数。

同理,$\frac{\partial z}{\partial x}$ 或 $\frac{\partial F(x, y)}{\partial x}$

称为 $F(x, y)$ 对 y 的偏导数,也就是说,它是在保持 x 不变情况下对 y 微分得到的导数。

可以看到,用来表示偏微分的符号 ∂ 和 d 是不同的。

105. 这些偏导数可以通过几何学解释证明。如果在 $z = F(x, y)$ 表示的曲面上,譬如质感坚挺的帽子的表面,找一个任意给定的点 P,让一个垂直的东西走向的平面穿过点 P,则该平面和曲面相交的曲线(交线)也穿过点 P。交线在点 P 的切线斜率(或者我们将它称为曲面本身的东西方向斜率)是 $\frac{\partial z}{\partial x}$。假定点 P 的坐标为 x, y, z,交线上(故也在曲面上)有一个邻域点 Q 的坐标为 $x + \Delta x, y, z + \Delta z$,其中 Δx 是点 P 的 x 与点 Q 的 x 之间的差值,Δz 是两点 z 的差值,假设 y 不变。那么连接 P 和 Q 的直线的斜率就是 $\frac{\Delta z}{\Delta x}$,它的极限值 $\lim \frac{\Delta z}{\Delta x}$ 或者 $\lim \frac{\Delta z}{\Delta x}$ 就是交线在 P 点的斜率(参阅第 12 条),也就是曲面上东西方向斜率。

同理,$\frac{\partial y}{\partial y}$ 或 $\frac{\partial F(x, y)}{\partial y}$ 表示曲面上南北方向的斜率。

在 P 点放两条笔直的金属丝或两根编织针和帽子表面相切,

一个表示东西走向的垂直平面,另一个表示南北走向的垂直平面,就代表帽子曲面的两个主要斜率(primary slopes)。

如果在帽子表面选取任意一个邻域点 R,其坐标是 $x + \Delta x$,$y + \Delta y, z + \Delta z$。$\Delta$ 就表示 P 点和 R 点的坐标值的差。

连结 P 和 R。那么 $\dfrac{\Delta z}{\Delta x}$ 表示的不是 PR 直线的真正斜率,而是它的东西方向的斜率(当然不是曲面本身东西方向的斜率)。它是直线向东边延伸上升的比率,而不是水平延伸上升的比率。正在攀登一条东北走向山脊的登山者,也许每攀升 5 英尺必然向东北水平行进 3 英尺,但每攀升 5 英尺必然向东边行进 2 英尺。我们讨论的是后一种情况的比率,而不是前一种情况的比率。

所以 $\dfrac{\Delta z}{\Delta y}$ 也就表示同一条直线 PR 南北方向的斜率。

现在令 R 趋近于 P(沿曲面上任何一条路线)直到重合。当 PR 接近一个极限位置时,就是帽子曲面的一条新的切线(是 R 点在曲面上向 P 点运动时经过的曲线的斜率)。这条切线的东西方向的斜率就是 $\lim \dfrac{\Delta z}{\Delta x}$,称为 $\dfrac{dz}{dx}$,南北方向的斜率就是 $\dfrac{dz}{dy}$。

77　如果用第三条金属丝表示这条切线,那么就有三条切线通过 P 点,一条在东西走向的垂直平面上,第二条在南北走向的垂直平面上,第三条为任何其他切线。第一条切线没有南北方向斜率,其东西方向斜率为 $\dfrac{\partial z}{\partial x}$。第二条切线没有东西方向斜率,其南北方向斜率为 $\dfrac{\partial z}{\partial y}$。第三条切线有两种斜率,分别是 $\dfrac{dz}{dx}$ 和 $\dfrac{dz}{dy}$。

106.下面将会证明,这些不同的导数之间的关系是:

$$dz = \frac{\partial z}{\partial x}dx + \frac{\partial z}{\partial y}dy \qquad\qquad (1)$$

上式也可以改写成以下形式:

$$\left.\begin{aligned} \frac{dz}{dx} &= \frac{\partial z}{\partial x} + \frac{\partial z}{\partial y} \cdot \frac{dy}{dx} \\ \frac{dz}{dy} &= \frac{\partial z}{\partial x} \cdot \frac{dx}{dy} + \frac{\partial z}{\partial y} \end{aligned}\right\} \qquad\qquad (2)$$

形式(1)的巨大优点是对称性。不过,它似乎隐瞒了存在 $\dfrac{dy}{dx}$ 和 $\dfrac{dx}{dy}$,形式(2)则使之明朗化。这两个量只需一句话就能解释。

$\dfrac{dy}{dx}$ 因为不包含垂直距离 z,所以根本不是一个向上的斜率。它是第三条金属丝横跨曲面(帽子表面)的坡度,是曲面的动点向北行进的速度对向东行进速度的比率。

107. 第 106 条介绍的公式的证明如下:[①]

首先,我们假设所有通过 P 点的和曲面相切的笔直金属丝都在同一个平面上,我们称之为切面。这个假设与第 14 条的假设类似,即左切线(渐进切线)和右切线(回归切线)重合。但是,如果曲面在给定点有棱或褶皱,假设就不成立。

现在我们解释上面已考察过的这个切面中三条金属丝切线,亦即两条基本线(在垂直平面上的东西线和南北线)以及当作 PQ 极限位置得到的切线。在第三条或"一般"的金属丝切线上取一点 Q',其坐标为 $x + \Delta'x, y + \Delta'y$,

──────────

① 为了掌握并牢记这个证明,建议同学们为此建造一个实际的物理模具,然后就会发现这个证明十分简单。

$z + \Delta' z$。(上撇用来区别切面上的 Q' 与曲面上的 Q)

穿过 Q' 点有两个平面,分别是东西走向的垂直平面和南北走向的垂直平面,之前已有两个这样的平面穿过 P 点。这四个垂直的平面将切面切割成了一个平行四边形,PQ' 是对角线而两条"基本线"是平行四边形的两条边,相交于 P 点。将尚未用字母标记的两个顶角记为 H 和 K,前者在东西基本线上而后者在南北基本线上。

$\Delta' z$ 表示 P 和 Q' 的水平高度差,它是 P 与 H 的水平高度差和 H 与 Q' 的水平高度差之和。这就好比勃朗峰与海平面的高度差,就等于琉森湖①与海平面的水平高度差和勃朗峰与琉森湖的水平高度差之和。(H 是否位于 P 和 Q' 的水平高度之间并不重要,如果不在它们中间,所考察的两个高度就有一个是负的。)

现在,P 和 H 的水平高度差就是

$$\frac{\partial z}{\partial x} \Delta' x,$$

如图 11 所示,任意两点 M 和 N 之间的水平高度差 h,就等于 MN 的斜率和两点之间的水平跨距 a 的乘积。(因为 MN 的斜率 $= \dfrac{h}{a}$,因此 $h = a \times$ MN 的斜率。)$\dfrac{\partial z}{\partial x}$ 就是 PQ' 的斜率,$\Delta' x$ 就是 P 和 Q' 之间的东西距离(在这个例子中就是水平距离),因此也就是 P 和 H 之间的东西距离(因为 H 和 Q' 在同一个南北面中)。

同样,点 H 和点 Q' 的水平高度差是:

$$\frac{\partial z}{\partial x} \Delta' y$$

因为 $\dfrac{\partial z}{\partial x}$ 是 PK 的斜率,那也就是和 PK 平行的 HQ' 的斜率,$\Delta' y$ 就是 P 和 Q' 之间的南北距离,也就是 H 和 Q' 之间的南北(在这个例子中是水平)距离(因为 H 和 P 也在同一个东西平面中)。

因此,$\Delta' z = \dfrac{\partial z}{\partial x} \Delta' x + \dfrac{\partial z}{\partial y} \Delta' y$　　　　　　　　(1)'

---

① Mount Blanc 译为"勃朗峰";Lake Lucerne 译为"琉森湖"。——译者注

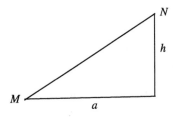

图 11　两点之间的水平高度差

上式就是我们要求的结果(1)的原型。

这也可以写成 : $\dfrac{\Delta' z}{\Delta' x} = \dfrac{\partial z}{\partial x} + \dfrac{\partial z}{\partial y} \cdot \dfrac{\Delta' y}{\Delta' x}$　　　　　(2)′

现在 , $\dfrac{\Delta' z}{\Delta' x}$ 就是"一般切线" PQ' 金属丝东西向的斜率。但前已说明, $\dfrac{dz}{dx}$ 也是这个斜率。同样, $\dfrac{\Delta' y}{\Delta' x}$ 是同一切线横跨曲面的坡度(也就是切线上的动点向北行进的速度对向东行进速度的比率)。$\dfrac{dy}{dx}$ 也是同样的意思(第 106 条)。用这些值代替原来完成的表达式,得:

$$\frac{dz}{dx} = \frac{\partial z}{\partial x} + \frac{\partial z}{\partial y} \cdot \frac{dy}{dx}$$

上式也可以写成如下形式:

$$dz = \frac{\partial z}{\partial x} dx + \frac{\partial z}{\partial y} dy$$

这里, dz 被称为 z 的全微分,而 $\dfrac{\partial z}{\partial x} dx$ 和 $\dfrac{\partial z}{\partial x} dy$ 被称为它的偏微分。

显然,如果在上述推理中,我们解释 K 点的方式和解释 H 点一样,也应该得出相同的结论,反之亦然。同理,我们也可以用 $\Delta' y$ 而不是用 $\Delta' x$ 去除 (1)′式。

108. 公式(1)(第 106 条),或者它的两个替代形式公式(2),都能让我们确定一个曲面的任意切线的方向。

因此,假设曲面是:

$$z = x^2 + 2xy + 3y^2,$$

求在 x 和 y 分别都为 1 的点的任意切线,显然 z 等于 6。

(1)将 y 视为常数,求上式对 x 的导数,求得这个点的主要的东西方向切线的东西向斜率是 $\frac{\partial z}{\partial x} = 2x + 2y = 4$,因此没有南北向斜率。

(2)这个点的主要的南北方向切线的南北向斜率是 $\frac{\partial z}{\partial y} = 2x + 6y = 8$,因此没有东西向斜率。

(3)在东北—西南走向的垂直平面上的切线有两个斜率,其东西向的斜率是:

$$\frac{dz}{dx} = \frac{\partial z}{\partial x} + \frac{\partial z}{\partial y} \cdot \frac{dy}{dx}$$

$$= 4 + 8\frac{dy}{dx}$$

$$= 4 + 8 \times 1 = 12$$

其南北向的斜率是:

$$\frac{dz}{dy} = \frac{\partial z}{\partial x} \cdot \frac{dx}{dy} + \frac{\partial z}{\partial y}$$

$$= 4 + 8 \times 1 = 12$$

(4)在西北—东南走向的垂直平面上的切线有两个斜率,其

东西向的斜率是:$4 + 8 \times (-1) = -4$

南北向的斜率是:$4 \times (-1) + 8 = +4$

(5)分割北与东的垂直平面向北行进的速度是向东行进速度的两倍,也就是说($\frac{dy}{dx} = 2$),在此切面上的切线的东西向的斜率是:

$$\frac{dz}{dx} = \frac{\partial z}{\partial x} + \frac{\partial z}{\partial y} \cdot \frac{dy}{dx} = 4 + 8 \times 2 = 20$$

和南北向的斜率是:

$$\frac{dz}{dy} = \frac{\partial z}{\partial x} \cdot \frac{dx}{dy} + \frac{\partial z}{\partial y} = 4 \times \frac{1}{2} + 8 = 10$$

如此等等,任意切线也都是这样。

109.习题

(1)按照上面举例所示,求同一曲面在 $x=3,y=2$ 点的五种斜率。

(2)曲面在点 $x=-1,y=-1$ 点的五种斜率。

(3)曲面在点 $x=0,y=0$ 点的五种斜率。

(4)求曲面是 $z=x^3+x^2+x+xy+y+y^2+y^3$ 在 $x=0,y=1$ 点的五种斜率。

(5)求曲面 $z=x^2y-2x^2y^2+3$ 在点 $x=2,y=3$ 点的五种斜率。

(6)对于同一曲面同一点,当向北速率是向东速率3倍时,其东西走向的切线斜率和南北走向的切线斜率分别是多少? 4倍呢? $3\frac{1}{2}$ 倍呢?

(7)对于曲面 $z=\log y+3^x+xy$ 回答同样的问题。

110.当函数有两个以上变量时,比如 $w=F(x,y,z)$,就不存在对应像 $y=F(x)$ 的曲线和对应 $z=F(x,y)$ 的曲面那样的几何解释模式了。除非我们想象一个"第四维度"并构造一个坐标轴分别是 x,y,z,w 的三维的"弯曲空间"。

不过,这可以用和第107条完全一样的方式说明,但不用几何图像

$$dw=\frac{\partial w}{\partial x}dx+\frac{\partial w}{\partial y}dy+\frac{\partial w}{\partial z}dz$$

分别用 dx,dy 和 dz 除这个微分方程两边,得到的三个等式 82 表示椭圆。

这个定理及其证明可以拓展到任意多个数目的变量。

111.偏导数原理的一个极重要的应用发生在只有两个变量,y 是 x 的隐函数亦即 $\phi(x,y)=0$ 的时候。它能让我们在不需要首先

将隐函数转换成 $y = F(x)$ 显函数形式的情况下，求出导数 $\dfrac{dy}{dx}$。

因此，如果 $x^2 + y^2 = 25$，我们可以在不需要将等式转换成：

$$y = \pm \sqrt{25 - x^2}$$

的情况下就能求出 $\dfrac{dy}{dx}$。

112. 我们从第 106 条公式 (2) 中得知，如果 $z = \phi(x, y)$，那么

$$\frac{dz}{dx} = \frac{\partial \phi(x, y)}{\partial x} + \frac{\partial \phi(x, y)}{\partial y} \cdot \frac{dy}{dx}$$

上式也可以改写成第 106 条给出的另外两种形式。

在目前考察的这个例子中，当 z 的取值为 0 时，那么 $\dfrac{dz}{dx}$ 的值也为 0（第 27 条结尾）。将它们代入上式，得：

$$\frac{dy}{dx} = -\frac{\dfrac{\partial \phi(x, y)}{\partial x}}{\dfrac{\partial \phi(x, y)}{\partial y}}$$

简而言之，当 x 与 y 的函数关系表示成隐函数 $\phi(x, y) = 0$ 时，要求 y 对 x 的导数，先将 y 看作常数求 $\phi(x, y)$ 对 x 的导数，然后将 x 看作常数求 $\phi(x, y)$ 对 y 的导数，用第二次微分求得的偏导数去除第一次微分求得的偏导数，再在商的前面加上一个负号。

因此，如果 $x^2 + y^2 = 25$ 或者 $x^2 + y^2 - 25 = 0$，我们可以按如下方式求 $\dfrac{dy}{dx}$：

$x^2 + y^2 - 25$ 对 x 的偏微分为 $2x$，对 y 的偏微分为 $2y$，因此：

$$\frac{dy}{dx} = -\frac{2x}{2y} = -\frac{x}{y}$$

上面这个结果包含 x 项,但它也可以转换成只包含一个变量的形式。从 $x^2 + y^2 = 25$ 可推知 y 的值是 $\pm\sqrt{25-x^2}$,用它代替上式的 y,有:

$$\frac{dy}{dx} = -\frac{x}{y} = -\frac{x}{\pm\sqrt{25-x^2}},$$

通过对显函数 $y = \pm\sqrt{25-x^2}$ 求导,也可以得到同样的结果。

113. 习题

求 $\dfrac{dy}{dx}$。

(1) 当 $xy = 1$

(2) 当 $2x^2 + 3y^2 - 4 = 0$

(3) 当 $ax^2 y^3 + bx^3 y^2 = 0$

(4) 当 $\dfrac{x+y}{x-y} + \dfrac{bx}{cy} + \dfrac{h}{k} = 0$

(5) 当 $\cos(xy) = x$

(6) 当 $\log(x^2 y^2) + x^3 + y^3 + 2xy + a = 0$

(7) 用几何学演示第 112 条。

114. 多变量函数在经济理论中有特殊的应用,尽管截至目前它们很少被采用过。[1] 许多错误发生的原因就是缺乏这种普遍的函数关系观念,以及只有曲线才能描述的任何种类的数量关系的默认假设。这种错误比起那些唯一的数学思想都是常数量的观念的错误而言,明显的程度略轻一筹。

---

[1]　不过,参见 Edgeworth's *Mathematical Psychics*,1881;the Author's *Mathematical Investigation in the Theory of Value and Prices* and Pareto's *Cours d'èconomic Politique*,1896-7。

译　后　记

本书根据纽约 1943 年出版的《微积分的计算》第三版译出。由该书第一版序言可推知，这本小册子应该是在 1897 年第一次出版，略晚于马歇尔 1890 年出版的古典经济学集大成教科书《经济学原理》，这说明边际革命以后数学正在扩展它在经济学领域中的应用。

今天，据我陋知，经济学的数学工具箱不仅包括非线性高阶微分与差分方程、控制论、空间集合向量等，而且又综合了线性代数、概率与数理统计等学科的计量经济学，其层次一如经济学也有初中高层级之分，颇让人有"望不尽天涯路"的感觉。这不由令我联想起经济学常用的最优化原理是否适用经济学本身，唯愿致力实际经济工作的人士和研究与学习经济学的同仁明察，顺利抵达"蓦然回首"的臻境！

本书的写作原因及目的，作者已在前言说明，不予赘述。在此搁笔交稿之际，译者感谢本书的责任编辑金晔女士的鼎力襄助与付出。囿于学识水平，纰漏差误难免，敬祈专家读者不吝指正！

张辑

2017 年 5 月于上海

图书在版编目(CIP)数据

微积分的计算:数理经济学与统计经济学辅助教程 /
(美)欧文·费雪著;张辑译.—北京:商务印书馆,2022
(2023.6重印)
(经济学名著译丛)
ISBN 978 - 7 - 100 - 20590 - 0

Ⅰ.①微…　Ⅱ.①欧…②张…　Ⅲ.①微积分—
教材　Ⅳ.①O172

中国版本图书馆 CIP 数据核字(2022)第 007113 号

经济学名著译丛
微积分的计算
——数理经济学与统计经济学辅助教程
〔美〕欧文·费雪　著
张辑　译

商 务 印 书 馆 出 版
(北京王府井大街 36 号　邮政编码 100710)
商 务 印 书 馆 发 行
北京虎彩文化传播有限公司印刷
ISBN 978 - 7 - 100 - 20590 - 0

2022 年 3 月第 1 版　　　　开本 850×1168　1/32
2023 年 6 月北京第 2 次印刷　　印张 3⅛
定价:26.00 元